沱江流域沉积物-水界面氮、磷、砷的赋存形态及迁移转化特征

徐 青 吴启红 余晓平 邓天龙 著

东北大学出版社
·沈 阳·

ⓒ 徐　青　吴启红　余晓平　邓天龙　2024

图书在版编目（CIP）数据

沱江流域沉积物－水界面氮、磷、砷的赋存形态及迁移转化特征 / 徐青等著． -- 沈阳：东北大学出版社，2025. 1. -- ISBN 978-7-5517-3801-9

Ⅰ. X522

中国国家版本馆 CIP 数据核字第 2025VV4142 号

出　版　者：东北大学出版社
　　　　　　地　址：沈阳市和平区文化路三号巷 11 号
　　　　　　邮　编：110819
　　　　　　电　话：024-83683655（总编室）
　　　　　　　　　　024-83687331（营销部）
　　　　　　网　址：http://press.neu.edu.cn
印　刷　者：辽宁一诺广告印务有限公司
发　行　者：东北大学出版社
幅面尺寸：170 mm × 240 mm
印　　张：12
字　　数：228 千字
出版时间：2025 年 1 月第 1 版
印刷时间：2025 年 1 月第 1 次印刷
策划编辑：周文婷
责任编辑：杨　坤
责任校对：周文婷
封面设计：潘正一
责任出版：初　茗

ISBN 978-7-5517-3801-9　　　　　　　　　　　　　　　定　价：60.00 元

内容简介

  沱江是长江流域五大支流之一,其对沿岸城市的经济发展以及人民生活起着非常重要的作用。但由于人类生产和生活活动导致输入河流中的氮磷砷浓度不断增加,严重破坏了河流生态系统的平衡,影响水资源的循环利用。本书基于作者及团队十年间对沱江流域沉积物–水界面(即上游金堂段、中游简阳段)氮磷砷各赋存形态环境行为的研究,比较系统地总结了沱江流域上覆水、间隙水和沉积物中氮磷砷各赋存形态的垂向分布特征和时空变化特征,着重讨论了上覆水和间隙水中物化参数[如pH值、溶解性有机碳(DOC)、溶解性铁锰(TFe、TMn)]、沉积物组分(如铁、锰、硫及有机质等含量)以及水体中氮磷形态对砷形态迁移转化行为的影响,研究了水体富营养化程度对砷迁移转化行为的影响,评价了水产品中砷的毒性风险。

  本书可供高等院校和科研院所从事水体沉积物–水界面营养元素氮、磷以及砷污染研究的学者阅读,也可为流域污染控制和管理提供参考。

前 言

氮和磷是水生生态系统中的重要营养元素，是动植物包括藻类细胞生长以及提供细胞能量不可缺少的营养成分，影响着各大水系的初级生产力。近年来，人类生产和生活中过量的氮磷输入，导致水体富营养化情况的发生，进而使得海洋、湖泊或河流等水生生态系统中大量浮游植物或者藻类疯长，给生态环境带来了不小的灾难。

砷是一种有毒的类金属元素，广泛存在于地壳中。它可以通过改变其氧化还原状态和成键结构形成大量的有机或无机化合物，从而表现出化学行为的多样性及不同的生物毒性。进入水体的砷一般以 As（Ⅲ）、As（Ⅴ）、MMA、DMA、AsB、AsC 等形式存在。水体中不同形态的砷可以被水生生物吸收，通过食物链传递的方式进入人体，严重危害人类健康。

富营养化水体不仅加速水体藻类的疯长，而且提升了水体中细菌的活性，使得水体 pH 值、溶解氧 DO、溶解性有机质 DOM 等多种水质条件发生变化，从而影响砷在沉积物-水界面的分布行为。

沱江是长江的五大支流之一，对沿岸城市的经济发展和人民生活起着非常重要的作用。本书深入开展了沱江流域沉积物-水界面氮磷砷的赋存形态分布及迁移转化行为研究，受到天津科技大学邓天龙教授主持的四川省杰出青年学科带头人基金项目（05ZQ26-4）、四川省学术与技术学科带头人基金项目（[2005] 390）、国家自然科学基金（21773170）、长江学者和教育部创新团队发展计划资助项目（IRT_17R 81）以及作者徐青副教授主持的四川省科技教育联合基金项目（2024NSFSC2001）的联合资助，在此表示衷心的感谢！本书是这些研究结果和成果的总结。

全书包括 10 章内容：第 1 章介绍了水环境中氮、磷和砷的赋存形态分类以及迁移转化特征；第 2 章介绍了沱江流域的概况；第 3 章介绍了研究区域、样品采集及研究方法；第 4 章分析了沱江流域金堂段沉积物中氮赋存形态及时空变化特征；第 5 章分析了 2006—2007 年冬夏两季沱江流域金堂段和简阳段沉积物-水界面磷的赋存形态及特征；第 6 章分析了沱江流域简阳段水环境中磷赋存形态及其时空变化特征；第7章分析了沱江流域氮、磷形态对砷迁移转化行为的影响，探讨了上覆水和间隙水中物化参数[pH值、溶解性有机碳（DOC）、溶解性铁锰（TFe、TMn）]、沉积物组分（如铁、锰、硫及有机质等含量）以及水体中氮磷形态对砷形态迁移转化行为的影响；第8章研究了水体富营养化程度对砷赋存形态迁移转化的影响；第9章分析了水产品中砷的赋存形态及含量，开展了水产品中砷的毒性风险评价；第10章对全书内容进行了总结和展望。

  参加本研究的老师和学生有徐青、郭亚飞、邓天龙、余晓平、李珑、张思思、吴启红、张蓉、王婷婷、王爽、吴怡、刘霞、史淼森、陈尚清、崔琬晶、赵凯宇、侯红芳、刘红玉、袁菲、廖英等。全书由成都大学建筑与土木工程学院环境工程系徐青副教授主笔，限于作者水平且时间紧迫，书中疏漏和不妥之处，敬请读者批评指正。

著者

2024年3月

| 目 录 |

第1章 绪　论 ···1
1.1 水环境中氮的赋存形态及其转化规律 ····································1
1.2 水环境中磷的赋存形态及其转化规律 ····································3
1.3 水环境中砷的赋存形态及其转化规律 ···································11
1.4 参考文献 ···20

第2章 沱江流域概况 ···32
2.1 沱江流域自然地理信息 ··32
2.2 沱江流域社会经济状况 ··33
2.3 沱江面临的严峻环境问题 ···34
2.4 参考文献 ···35

第3章 研究方法 ···36
3.1 实验研究区域及其采样点的布设 ··36
3.2 样品采集及处理 ··36
3.3 生物样品中砷形态的HPLC-ICP-MS分析方法研究 ··················37
3.4 水环境中氮、磷、砷、硫、铁、锰形态等分析方法 ··············44
3.5 参考文献 ···51

第4章 沱江流域金堂段沉积物中氮赋存形态及时空变化特征 ········52
4.1 金堂段沉积物中氮赋存形态、TVS及含水率垂向分布特征 ········52
4.2 氮赋存形态及TVS、含水率十年前后垂向分布的时空对比 ········55
4.3 小结 ···58
4.4 参考文献 ···58

第5章 沱江流域沉积物-水界面磷的赋存形态及迁移化特征 ······60

5.1 间隙水中磷形态及 Fe, Mn 垂向分布特征 ······60
5.2 沱江流域间隙水及上覆水中 TDN/TDP 垂向分布特征 ······73
5.3 沉积物中磷形态及 TVS、含水率垂向分布特征 ······76
5.4 沱江流域夏冬两季两地沉积物中生物可利用磷（BAP）的垂向分布特征 ······95
5.5 小 结 ······96
5.6 参考文献 ······97

第6章 沱江流域简阳段水环境中磷赋存形态及其时空变化特征 ······98

6.1 磷的赋存形态及各参数的垂向分布特征及相关性分析 ······98
6.2 间隙水及沉积物中磷的赋存形态十年前后垂向分布的时空对比 ······104
6.3 小 结 ······108
6.4 参考文献 ······108

第7章 沱江流域氮、磷形态对砷赋存形态转化行为的影响 ······110

7.1 沱江流域金堂段砷赋存形态的迁移转化及影响因素分析 ······110
7.2 沱江流域简阳段砷赋存形态的迁移转化及影响因素分析 ······127
7.3 金堂段和简阳段砷形态及各大参数对比 ······143
7.4 参考文献 ······158

第8章 水体富营养化程度对砷赋存形态迁移转化的影响 ······161

8.1 沱江流域金堂段与简阳段 TDN、TDP 的含量及 TDN 与 TDP 比值的分布情况 ······161
8.2 沱江流域金堂段与简阳段 TDN 与 TDP 的比值对砷形态迁移转化影响 ······164
8.3 参考文献 ······166

第9章 水产品中砷的赋存形态及含量 ······168

9.1 水产品中砷形态及含量的分布特征 ······168
9.2 水产品中砷形态的污染指数评价 ······172

9.3 水产品砷安全风险预警指标及毒性风险评价 …………………… 174
9.4 小　结 ……………………………………………………………… 176
9.5 参考文献 …………………………………………………………… 177

第 10 章　总结与展望 ……………………………………………………… 178
10.1 主要研究结论 …………………………………………………… 178
10.2 展　望 …………………………………………………………… 180

第1章 绪 论

1.1 水环境中氮的赋存形态及其转化规律

氮是水生生态系统中的重要营养元素,过量的氮又会导致水体富营养化[1]。沉积物作为水环境中各污染元素的蓄积库或释放源,不仅能间接反映水体的污染情况,在物理化学因素制约下,还会向水体中释放营养元素,影响富营养化过程[2]。

1.1.1 水体中氮的赋存形态

氮的赋存形态和分布规律是准确研究水环境中氮的地球化学循环及其环境影响的前提。氮在水环境中主要以无机氮(inorganic nitrogen,Inorg-N)和有机氮(organic nitrogen,Org-N)的形式存在,其中无机氮包括氨氮(ammonia nitrogen,NH_3-N)、硝态氮(nitrate nitrogen,NO_3^--N)和亚硝态氮(nitrite nitrogen,NO_2^--N)[3]。

氨氮和硝酸盐可以被水生生物直接吸收,但其含量较高时易发生水体富营养化,使得蓝藻等藻类大量繁殖,导致水生生物因缺氧而大量死亡,例如"赤潮"现象就是海洋渔业的浩劫;而亚硝酸盐是众所周知的强致癌物质,对人体危害极大。在有氧环境中,好氧微生物可将氨转化为亚硝酸盐,再进一步转化为硝酸盐;在厌氧环境中,硝酸盐亦可受厌氧微生物的作用而被还原为亚硝酸盐,继而再被还原为氨。因此,水体中不同形态的氮,在一定的环境条件下可相互转化,成为氮循环的重要组成部分。

水体中氮的不同赋存形态及其含量水平可有效地预测和反映水体污染状况。一般而言,当水中氨氮超过 0.06 mg/L 时,表明水体已受到新近污染[4];当水体中仅含有硝酸盐而不含有其他氮类化合物时,表明有机氮污染物分解已完全;若水体中同时含有硝酸盐和其他各种含氮化合物,则表示有污染物进入水系,水的"自净"作用尚在进行。

1.1.2 沉积物中氮的赋存形态

沉积物作为生源要素氮的重要源和汇,在其生物地球化学循环中起着至关重要的作用。氮的形态和含量因沉积物的来源和环境气候条件的不同亦不同。国内外多数学者将土壤的研究方法用于沉积物氮赋存形态的研究当中,将其分为总氮、有机氮和无机氮三种形态,用以分析沉积物中氮的含量和垂向分布特征[5]。Kemp等[6]对湖泊沉积物中氮形态进行了较为系统的研究,得出沉积物中的氮主要分为总氮、有机氮、硝态氮、亚硝态氮、氨氮和固定态铵等赋存形态。Keeney等[7]学者把沉积物中的有机氮形态分为四种:水解性铵氮、己糖铵态氮、氨基酸态氮和羟胺基酸态氮。通常情况下,表层沉积物中有机氮和氨氮是氮的主要存在形式,硝态氮、亚硝态氮的含量仅在氧化性沉积物-水界面有一个最大值,在整个沉积物中的含量很低。吕晓霞等[8]的研究结果发现海洋沉积物中NH_4^+的重要性,并检测到固定态铵占总氮量的10%~20%,但因其吸附于颗粒物质内部,进入晶格结构中,不能再由其他阳离子取代,较难被生物直接吸收和利用。马红波等[9]在对渤海沉积物中氮形态进行研究时,首次将其分为可转化态氮(TTN)和非可转化态氮(NTN)两大类,按照分级浸取的顺序又将TTN分为离子交换态氮(IEF-N)、碳酸盐结合态氮(CF-N)、铁锰氧化态氮(IMOF-N)和有机态与硫化物结合态氮(OSF-N)四种形态氮。王圣瑞等[10]在马红波等人研究的基础上进行改进,把TTN分成离子交换态氮(IEF-N)、弱酸可浸取态氮(WAEF-N)、强碱可浸取态氮(SAEF-N)和强氧化剂可浸取态氮(SOEF-N)四类来对不同污染程度的沉积物氮形态含量分布进行研究。De等[11]在研究沉积物中交换性氮时,认为交换性氮主要包括硝态氮、铵态氮,其中铵态氮以可交换态形式存在,而硝态氮则以可溶形式存在。硝态氮通过分子扩散可以迅速在溶液介质中迁移,是沉积物和上覆水体之间氮素交换的主要方式,且硝态氮能够直接被浮游植物吸收用于光合作用,这在湖泊环境中具有非常重要的生态意义。

1.1.3 水环境中氮的赋存形态迁移转化规律

自20世纪90年代,科学家对氮的早期成岩过程、氮的去营养化作用、氮在沉积物-水界面的转移过程及交换通量展开了较为深入的研究。随着研究的深入,沉积物中氮循环的控制机制、氮循环与其他生源要素循环的关系及其生物地球化学功能、沉积物氮释放及其对水环境的影响等方面日益受到关注，已经成为目前研究的热点[12-15]。

河流是一个开放的复杂系统，不断与外界进行物质交换，大量的自然或人为营养物质可通过地下水渗流、大气沉降和与其他相连的水体交换等途径输入到河流之中[16,17]，各种输入源的多少因研究区域而异。Jaworski等[18]指出，在美国海岸带，大气氮供应了50%以上浮游植物所需要的氮，且大气中氧化氮的沉降对美国东北海岸水域的富营养化起了重要作用；黄小平等[19]在珠江口的研究发现无机氮主要来自河流。由于沉积物中有机物质的降解可以形成水体氮的次生污染，因此，近年来趋向于间接利用有机物质中稳定的C/N比值的差异性对水体的生源要素氮的来源进行定量分析。

氮在湖泊沉积物-水界面的迁移扩散是一个复杂的生物化学过程，水土界面-2~0 cm是沉积物与水体之间氮等营养盐循环的一个主要场所[20]。水环境中无机氮的主要迁移转化过程包括：硝化作用、反硝化作用、氨化作用、厌氧氨氧化作用、异化还原成铵作用等[21-25]。杨龙元等[26]的研究结果表明，硝化和反硝化作用是沉积物-水界面氮迁移和交换的主要形式，一般只在沉积物顶部厚度仅几厘米的薄层内发生，且是垂向分层进行的。而有机氮的迁移转化十分复杂，主要迁移转化过程包括矿化作用、光合作用、吸附-解吸、厌氧发酵等[27,28]。在氧充足的条件下，沉积物中的有机氮经矿化作用，生成NH_4^+以及NO_3^-等无机离子，扩散进入上覆水体中，提高了水体的氮浓度和营养水平；而上覆水中NO_3^-等也能反向扩散进入沉积物中的厌氧层中，经反硝化还原成N_2等散逸进入大气，这种反硝化过程是清除水体氮负荷的最彻底的有效机制之一[29,30]。Ottosen等[31]研究了潮滩沉积物中氮循环的季节变化，发现春夏季潮滩沉积物是溶解态无机氮（DIN）的汇，秋季则是溶解态无机氮的源，冬季又恢复为溶解态无机氮的汇，上覆水和沉积物之间DIN交换通量的季节变化主要受界面上矿化的N与植物吸收的N之间的平衡控制。曾洪玉[32]利用氮同位素技术识别太湖沉积物中的脱氮作用，研究结果证实太湖沉积物存在反硝化作用和厌氧氨氧化作用；王毛兰等[33]对鄱阳湖表层沉积物中氮来源进行研究，结果显示沉积物有机质和人工肥料是沉积物中氮素的主要来源。

1.2 水环境中磷的赋存形态及其转化规律

磷是水生生态系统重要的生源要素之一，它是动植物包括藻类细胞生长以及提供细胞能量不可缺少的营养成分[34]，影响着各大水体体系的初级生产力。近年来，源自人类生产和生活中过量的磷输入，导致水体富营养化情况的发生，进而使得海洋、湖泊或河流等水生生态系统中大量浮游植物或者藻类疯长，给生态环境带来了不小的灾难。

磷一般以正磷酸盐的形式进入水体，进入上覆水体中的磷或直接被生物体利用，或因为浓度梯度差扩散至间隙水中，或在上覆水体中，由于环境的改变而逐渐转化成其他磷的赋存形态再以转化成为的形态扩散至间隙水中等，这是磷的地球化学循环的开始。进入间隙水中的磷形态会发生一系列的物理、化学及生物作用而进入沉积物中，其中一部分进入沉积物中的磷会因为沉积环境物化参数的变化以及生物扰动等作用而重新释放至间隙水中；另一部分成为闭蓄态磷埋藏于沉积物中，暂时退出磷的地球化学循环。在研究磷的迁移转化规律时，对水体以及沉积物中磷的赋存形态分类至关重要，只有了解磷的赋存形态及其影响因素，才能总结和发现其形态变化间的规律，有利于对水生生态环境的改善和保护。

1.2.1 水体中磷的赋存形态

水体中的磷可分为无机磷和有机磷两大类，其中无机磷是水体中磷最主要的赋存形态，这点在20世纪20年代即被学界所认识，并成为海水常规分析测试项目之一[35]。一般可根据磷在水体中的物理性质、化学形态的不同，以溶解度为标尺从操作定义上将其划分为可溶态磷（dissolved phosphorus，DP）和颗粒态磷（particulate phosphorus，PP）。

可溶态磷指可以通过孔径为 0.45 μm 滤膜的溶解在滤液中的磷，这部分磷由于容易被水生生物体吸收和利用，一直是环境化学和地球化学研究的热点。在研究河流、水库及湖泊等淡水水体时常将可溶态磷分为总溶解态磷（total dissolved phosphorus，TDP）、可溶活性态磷（soluble reactive phosphorus，SRP）、可溶非活性态磷（soluble un-reactive phosphorus，SUP）进行测定[36-38]。其中，SRP 是 TDP 中的主要形态部分，是藻类可直接利用的无机磷。SRP 不仅包括可溶解的正磷酸盐，而且包括一部分缩合磷酸盐以及酸性条件下不稳定的有机磷。SUP 是可溶性生物非活性磷，包括溶解性有机磷（dissolved organic phosphorus，DOP）和无机缩合磷酸盐，而后者含量往往很低，在很多形态划分中，SUP 基本等同于 DOP[39]。

颗粒态磷即为不能通过 0.45 μm 微孔滤膜的主要结合在固体颗粒和生物体

细胞中的磷，这部分磷难以被生物直接利用，并受水体微环境和物化性质的影响很大。值得一提的是，颗粒态磷虽然不能被生物直接利用，但无论是包裹在颗粒晶格里的，或以物理吸附作用或化学以及生物作用结合于颗粒中的磷形态，仍然可能因为环境影响因子的改变而转化为可溶性的磷酸盐释放至上覆水或间隙水中而再次成为生物体可利用的磷形态；或最终沉积于水体底部，经过长时间的积累，逐渐埋藏形成沉积物的某一组分。国外一些学者在研究中将颗粒态磷分为颗粒态无机磷（particulate inorganic phosphorus，PIP）以及颗粒态有机磷（particulate organic phosphorus，POP）[40,41]，其中PIP主要以矿物相的形式吸附在颗粒表面或结合在矿物晶格（如自生磷矿物）中，POP主要结合于细胞等生命体和有机的碎屑分子中。

虽然各派学者对水体中磷的赋存形态分类从命名上看不尽相同，但是各类之间有很多相同或交叉之处[42]。总体而言，从生物可利用性的角度来划分，可以将水体中的磷形态分为可溶活性态磷（SRP）、可溶非活性态磷（SUP）、颗粒态无机磷（PIP）以及颗粒态有机磷（POP）。总溶解性态磷包含了SRP和SUP，各形态磷之间可以相互转化。

1.2.2 沉积物中磷的赋存形态

沉积物中的磷总体可分为无机磷和有机磷两大类，而无机磷的赋存形态分类及其连续提取方法和环境效应是国内外学者一直研究的热点。目前，有机磷的赋存形态分类及其提取方法等也开始引起国内外学者的重视。

磷的分级提取方法源自1957年Chang和Jackson[43]首次提出的针对土壤样品中无机磷的分级提取法（C-J法），C-J法中将无机磷分为不稳定态磷、铁结合态磷、铝结合态磷、钙结合态磷、闭蓄态磷和惰性磷等6种形态；1980年Hieltjes等[44]将沉积物中的磷分为弱结合态磷、铁铝结合态磷以及钙结合态磷等3种形态；1992年Ruttenberg[45]提出了针对海洋沉积物样品中磷的分级提取法，将磷分为了可交换态磷；铁结合态磷；自生碳酸氟磷灰石磷、生物成因磷灰石磷以及碳酸钙结合态磷；由火成岩及其变质岩等岩屑形成的磷灰石磷以及其他形式的无机磷；有机磷等5种形态；1996年Golterman[46]将沉积物中的磷分为了铁结合态磷、钙结合态磷、酸可溶性磷以及残余磷等4种形态。虽然对沉积物中磷形态的分类不尽相同，且提取方法不断发展，但是至今仍没有一个统一的标准方法。在此背景下，欧盟委员会通过了标准、测量和测试方案，提出了一种统一的淡水沉积物中磷的连续提取方案（SMT法），此法通过改进

Williams法将沉积物中的磷形态分为非磷灰石无机磷（如铁、锰、铝结合态磷）、磷灰石磷（如钙结合态磷）、无机磷、有机磷和总磷进行测定[47]。此法的优点在于提取步骤较简单，重复操作性强；不足之处在于对无机磷形态的分类相对较少，在分别探讨铁锰结合态磷与铝结合态磷之间的形态转化规律时会有一定的局限性。因此，研究者一般会根据自己的研究目的和研究区域地域条件的不同，选取适合的磷形态分类及相应的连续提取方法。

就我国而言，随着20世纪80年代工业的迅猛发展，各大河流遭到不同程度的污染，我国科学工作者开展了大量的营养元素地球化学研究。而关于沉积物中磷的赋存形态，多在国外磷赋存形态研究基础上加以改进或拓展，应用于国内各大水体研究。近年来，随着研究的深入，已将磷的各种形态与磷的生物可利用性相结合，如朱广伟等[48]改进Ruttenberg的方法，在研究长江中下游浅水湖泊沉积物中磷的形态与水相磷的关系时，将沉积物中无机磷的赋存形态分为交换态磷、铝磷、铁磷、闭蓄态磷、自生钙磷、碎屑钙磷、有机磷等7种形态，并将磷的赋存形态和藻类可利用量相结合进行研究。胡凯等[49]综合了Hieltjes、Psenner以及Ruttenberg提出的方法，在研究高原浅水湖泊沉积物中磷、氮形态化学研究时将沉积物中无机磷分为了松散性磷、铁结合态磷、铝结合态磷、有机/细菌聚合磷、钙结合态磷及残渣磷等6种形态；胡俊等[50]在沉水植物对沉积物中磷赋存形态影响的初步研究中将沉积物中的无机磷分为松散吸附态磷、铁锰结合态磷（也称氧化还原敏感态磷）、铁铝结合态磷和钙结合态磷等4种形态；杨耿等[51]在研究岷江干流表层沉积物中磷形态空间分布特征时将沉积物中的磷分为弱吸附态磷、铁结合态磷、可提取态有机磷、自生磷灰石磷、碎屑磷和非活性磷等6种形态。

以上研究都着重于对沉积物中无机磷的分类提取，对有机磷的分类方法研究甚少。有机磷是指藻类等及浮游生物的残体、未及矿化降解的有机污染物等[52]。从化学成分来讲包含糖类磷酸盐、核苷酸、腐殖质和富里酸成分、磷酸酯类、膦酸盐等[53]。虽然研究者试图提出一些对沉积物中有机磷分级提取方法的建议，但是由于分离和鉴别有机磷化合物成分有一定的难度，他们多数还是将有机磷作为一个整体来进行研究。随着核磁共振（NMR）等现代仪器分析技术的应用，成功地建立了较为可靠的可溶解性有机磷的分析新方法[54-57]，分离并测定了海洋环境中有机磷的单体形态，如磷酸单酯（phospho-monoester）、核苷磷酸盐（P-nucleosides）、多聚磷酸盐（polyphosphates）、偏磷酸盐（metaphosphate）、膦酸酯（phosphonate）等，可望成为探索有机磷生物地球化学循环的重要研究方向。

对有机磷形态的分类源自1978年Bowman与Cole首次提出的针对土壤有机磷的形态分类方法[58]，将有机磷分为了不稳定态有机磷、中等活性有机磷、中稳性有机磷、高稳性有机磷[59]；1998年，Ivanoff等[60]对此方法进行了改进，将有机磷分为了活性有机磷、中等活性有机磷和非活性有机磷；2014年刘凯等[61]将沉积物中有机磷分为H_2O提取有机磷（H_2O-P_o）、HCl提取有机磷（$HCl-P_o$）和NaOH-EDTA提取有机磷（$NaOH-EDTA-P_o$），将此有机磷分类应用于鄱阳湖沉积物有机磷累积特征研究中。这些方法均是通过测定提取液中总磷与无机磷的含量，通过差减法而获得有机磷的含量。总的来说，不稳定态有机磷也就是活性有机磷，是指容易在微生物作用下矿化为无机磷的那部分有机磷；中等活性有机磷相对较易被矿化，容易被生物吸收利用；中稳性有机磷较难在微生物作用下矿化分解；而高稳性有机磷则很难被矿化分解，基本不能被生物吸收利用。

总结国内外沉积物中磷的赋存形态分类，按照与沉积物结合基质的磷形态的不同，大致可以将沉积物中的磷形态分为可交换态磷（Exchangeable-P）、铁锰结合态磷（Fe/Mn-P）、铝结合态磷（Al-P）、钙结合态磷（Ca-P）、难提取的磷（Res-P）、有机磷（OP）、总磷（TP）等。钙结合态磷可以根据来源不同再分为自生钙磷和碎屑钙磷；有机磷可以根据提取液的性质分为活性有机磷、中等活性有机磷、中稳性有机磷及高稳性有机磷。可交换态磷也就是弱吸附态磷，是指吸附于沉积物颗粒表面，在沉积环境发生变化时，容易通过吸附作用或者解吸作用在沉积物-间隙水中发生迁移的无机磷形态；铁锰结合态磷是指与沉积物中铁或锰的氧化物或氢氧化物结合的磷形态，其在沉积物-间隙水中的迁移转化容易受氧化还原电位的影响；铝结合态磷是指与铝的氧化物或氢氧化物结合的磷，一般含量较低；钙结合态磷是指与自生磷灰石、湖泊沉积碳酸钙以及生物成因的含磷矿物有关的沉积磷存在形态；闭蓄态磷是指Fe_2O_3胶膜所包蔽的还原溶性磷酸铁以及磷酸铝[62]。

1.2.3 水环境中磷的赋存形态迁移转化规律

水体和沉积物中磷的赋存形态是研究其形态间相互转化规律的基础。在开放的沉积物-水体系中，沉积物与水体之间磷的交换过程十分复杂。淡水水生生态系统中磷形态的迁移转化过程可由图1-1表示。

淡水水生生态系统中的磷主要来源于人类活动和自然形成的岩石风化等过程，人类活动中的工业生产含磷废水及人类生活中含磷污水的排放，农业生产过程中的农田灌溉、家禽家畜的排泄物等通过地下水或地表径流的方式进入水体。进入水体的磷一般以正磷酸盐（PO_4^{3-}，HPO_4^{2-}，$H_2PO_4^-$）的形式存在，其赋存形态主要有 SRP，SUP，PIP，POP 等。水体中的磷形态通过一系列物理、化学和生物作用过程在上覆水、间隙水和沉积物三种介质间循环。在沉积物-水体系中磷的循环过程主要有溶解态磷的浓度梯度扩散过程、溶解态磷的吸附与解吸过程、含磷颗粒的沉降与再悬浮过程、磷酸盐的沉淀与溶解以及磷的生物循环等一系列物理、化学和生物过程[63]。这些过程并不是相互独立的，在吸附过程中，有可能同时发生沉降作用抑或是微生物对有机质的矿化作用，而这些自然状态下的物理、化学和生物过程，导致磷从进入沉积物-水体系到最终的早期成岩过程，这是一个非常缓慢及复杂的多因素影响过程。

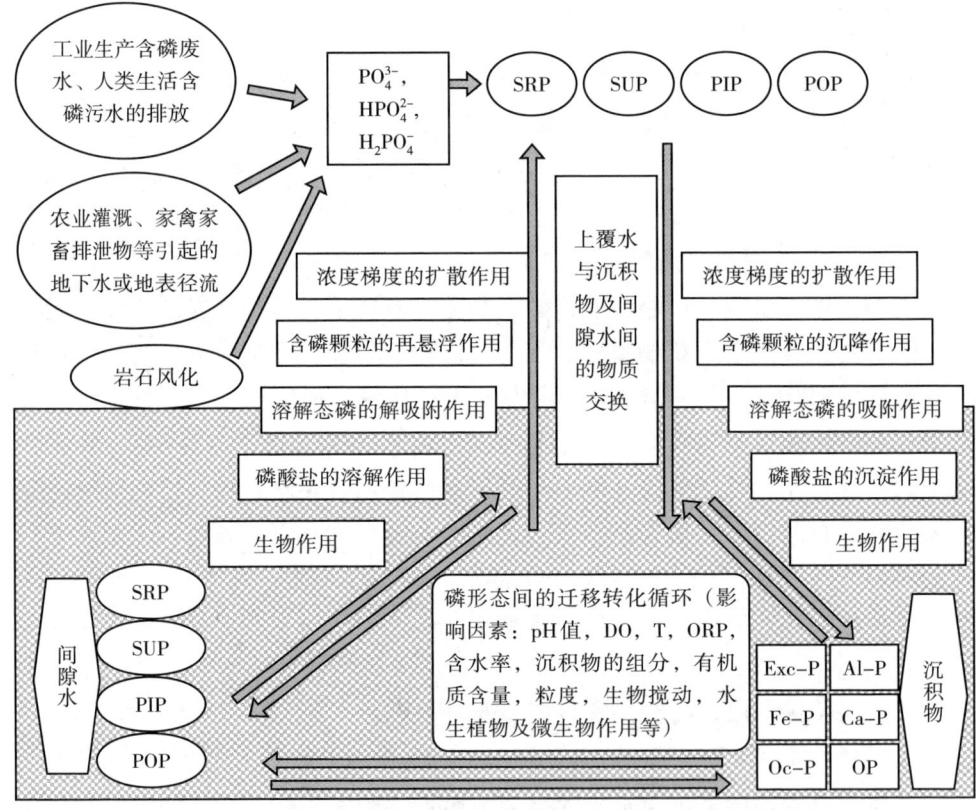

图1-1　淡水水生生态系统中磷形态的迁移转化过程示意图

溶解态磷的浓度梯度扩散过程是由于磷在水体和沉积物间隙水间的浓度差引起的溶解态磷从上覆水扩散至间隙水或从间隙水扩散至上覆水的一个动态平衡过程。

溶解态磷的吸附和解吸过程往往发生在沉积物-水界面或沉积物-间隙水体系中。上覆水体中可溶性的磷酸盐可由沉积物表面带电物质所吸引,间隙水中的可溶性磷酸盐可由与之紧密接触的沉积物带电颗粒所吸引。沉积物中可交换态磷大部分是通过此种方式结合在沉积物中的磷形态。可交换态磷具有较高的活性,容易通过阴离子交换吸附或配位吸附至沉积物中氧化物、黏土矿物和有机固体表面。在间隙水磷浓度减小时,为了保持吸附-解吸的浓度动态平衡,可交换态磷又可以发生解吸附作用而释放至间隙水中。

含磷颗粒的沉降与再悬浮是一个物理过程,水体中的含磷颗粒物由于重力等作用沉降至沉积物表面,如果没有因为环境的改变而转化为其他形态的磷或者未被生物所利用,那么它就有可能经过长时间的沉积作用被埋藏于沉积物底部。在遇到强风作用引起的风浪搅动或者底栖生物的生物搅动时,这种含磷颗粒物有可能通过再悬浮过程回到间隙水或上覆水体中,作为潜在的磷源而转化或迁移。大部分沉降的磷在被埋藏前都会发生再悬浮或再矿化,只有大约1%的磷能够被沉降颗粒物输入至深海而被埋藏于沉积物中[64]。

磷酸盐的沉淀与溶解是一个化学过程,其与沉积物间隙水中存在的金属离子发生化学反应产生难溶沉淀物而蓄积在沉积物中,也有研究结果指出,在氧化条件下,不溶的磷酸盐会与Fe^{3+},Ca^{2+}与Al^{3+}一起发生共沉淀作用[65]。沉积物中的铁锰结合态磷、铝结合态磷等基本属于这种方式结合的磷。而磷酸盐的溶解过程是指在环境条件的变化下,由于含磷沉淀物的溶解而释放至水体,或者是由于金属氧化物或氢氧化物自身的溶解,附着在其表面或包裹于其中的磷的释放过程。

磷的生物循环过程包括三个方面。一是植物对磷酸盐的吸收,水生植物可通过根系吸收磷酸盐,然后经过茎、叶等的分泌作用,将磷释放至水体中[66]。植物将无机磷吸收后转化成了体内的有机磷,在其死亡腐烂后,再以有机磷的方式回到水生体系中。二是底栖动物将植物食入体内后,经消化道将含磷排泄物排至环境中,或者在其死亡后残体分解,将磷释放至水生体系中,这个分解过程也是微生物的作用过程[67]。三是微生物作用,微生物作用在很大程度上发挥着连接无机磷和有机磷之间动态平衡的纽带作用。微生物有它们特定的酶体系,沉积物中的有机质在微生物酶体系作用下发生矿化作用,将环境中的有机磷转化成无机磷释放至水体中。

水环境中磷的迁移转化过程大致就是以上几类,各磷形态之间发生迁移转化行为的影响因素很多,包括上覆水物化参数如温度、pH值、溶解氧、氧化还原电位等,沉积物的理化性质包括有机质的含量、沉积物的粒度、沉积物的含水率以及沉积物的组分等,也包括风浪的搅动、底栖生物的搅动、微生物作用等[68-70]。

研究结果表明[71,72],温度升高,沉积物中磷的释放量会增加,这是由于随着温度的升高,微生物的活性增强,有机质分解速度加快导致缺氧环境的产生,Fe^{3+}被还原为Fe^{2+},导致铁磷被释放出来。Kim等[73]在研究韩国汉江沉积物中磷的释放速度和污染特征时也发现,在厌氧条件下磷的释放速度大于在好氧条件下磷的释放速度。磷的释放速度也会受温度和pH值的影响,随着温度的升高,磷的释放速度明显增加;在pH值为中性的条件下磷的释放速度最小。这与金相灿等[74]的研究结果一致,在酸性和碱性条件下,均有助于沉积物中磷的释放;碱性条件下,促进Fe/Al-P的释放,而在酸性条件下,促进Ca-P的释放。

沉积物组分中的有机质含量从两个方面影响着磷的赋存形态分布。一是有机质中的腐殖质组分常与铁氧化物等通过物理吸附、配位基交换、质子作用、氢键和阳离子等方式结合形成铁氧化物-有机质复合物,有机质中的腐殖酸通过占据铁氧化物表面的$FeOH^{1/2-}$基团点位而抑制磷酸盐的吸附[75],从而通过减小铁氧化物对磷酸盐的吸附作用而导致磷酸盐的释放。二是微生物对有机质的矿化作用,有机质中的有机磷成分在微生物作用下可以矿化为无机磷;微生物在分解有机质过程中产生的弱酸还能溶解钙磷组分,从而释放无机磷。这两个过程都会导致磷形态的转化和迁移,或使间隙水中的磷酸盐浓度增大,或结合为沉积物中其他的磷形态,形成磷的环境地球化学循环的一个重要环节。

沉积物-水界面受上覆水各物化条件参数的影响更大,表层沉积物一般是属于相对氧化的沉积环境,有机磷在微生物的矿化作用下转化为的无机磷酸盐在间隙水中表面吸附点之间发生动态平衡[76],如果上覆水中磷浓度低于了间隙水中的磷的浓度,那么这部分磷就会替代从沉积物-水界面进入上覆水的这部分磷酸盐,发生扩散作用。随着沉积物深度的增加,沉积环境逐渐变为相对还原的环境,微生物的矿化作用渐渐减弱,由铁的氧化物或氢氧化物发生还原作用而释放出来的磷酸盐就会被释放进入间隙水中[77]。磷酸盐在释放过程中,可被表层沉积物中的铁铝氧化物或氢氧化物再吸附,抑或以磷灰石的形式沉降[78]。而在深层沉积物中,沉积物的缓冲能力控制着间隙水中磷酸盐的浓度[76]。沉积物中铁结合态磷属于氧化还原敏感性磷,是一个与氧化还原型吸附-释放紧密相关的赋存形态[79]。不难看出,可交换态磷、铁结合态磷和铝结合态磷由于沉积的特性,属于活性磷,容易因环境的改变而发生相互转化和迁移,在所有沉积物中,最终保留在沉积物中的磷主要是以稳定矿物形式存在的磷[80]。

1.3 水环境中砷的赋存形态及其转化规律

1.3.1 砷的主要化学形态

砷在水中存在的主要化学形态有[81]：H_3AsO_4，$H_2AsO_4^-$，$HAsO_4^{2-}$，AsO_4^{3-}，H_3AsO_3，$H_2AsO_3^-$，$HAsO_3^{2-}$，AsO_3^{3-}及As^0。pH值和电位（Eh）是影响水环境中砷化学形态最重要的两个因素[82]。由图1-2中砷的Eh-pH值图可见，在氧化条件下，砷主要以As（Ⅴ）的形式存在，而在相对还原的条件下则主要以As（Ⅲ）的形式存在[83]。在氧化环境中（高电势），当pH值<2时，As（Ⅴ）主要是以H_3AsO_4的形式存在；当2<pH值<6.9时，As（Ⅴ）主要以$H_2AsO_4^-$的形式存在；当6.9<pH值<12时，As（Ⅴ）主要以$HAsO_4^{2-}$的形式存在；而当pH值>12时，As（Ⅴ）基本以AsO_4^{3-}的形式存在于溶液中。在还原环境中（低电势），当0<Eh<0.4 V，pH值在4~8范围内时，As（Ⅲ）主要以H_3AsO_3形式存在于溶液中。随着氧化还原电位的逐渐降低和pH值的逐渐升高，As（Ⅲ）的存在形式逐渐向$H_2AsO_3^-$，$HAsO_3^{2-}$和AsO_3^{3-}转变。

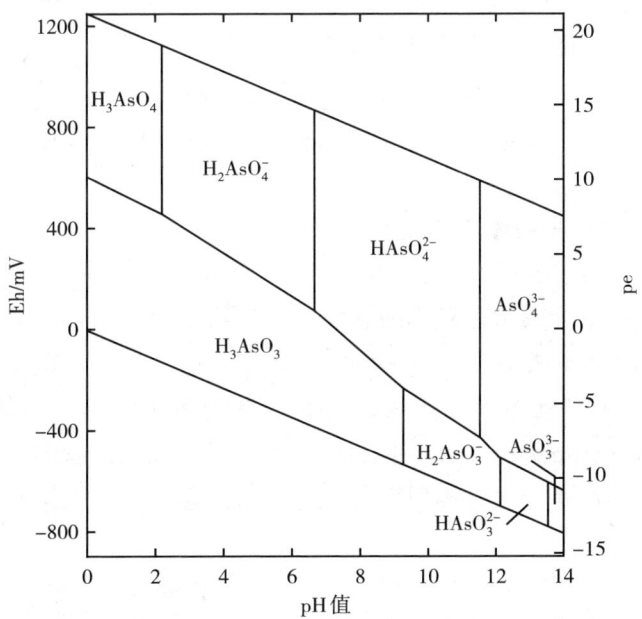

图1-2 298.15 K，101.325 kPa下，砷形态在As-O_2-H_2O水溶液体系中的 Eh-pH值关系图[82]

1.3.2 水体中砷的赋存形态

砷在环境中一般以 As（-Ⅲ）、As（0）、As（Ⅲ）及 As（Ⅴ）4 种价态存在，可分为无机砷和有机砷两大类。由于 As（-Ⅲ）和 As（0）相对比较少见，因此无机砷主要是以砷酸盐 As（Ⅴ）及亚砷酸盐 As（Ⅲ）的形式存在于水体中[84]。研究结果表明，亚砷酸盐在一些层状湖泊的氧化层中占主导地位，而砷酸盐也可能存在于缺氧水体中[85]。在淡水体系中，无机砷是砷的主要存在形式，而有机砷的含量很少[86,87]。有机砷一般可分为一甲基砷酸盐（Monomethylated arsenic，MMA）、二甲基砷酸盐（dimenthylated arsenic，DMA）、三甲基砷酸盐（trimethylamine，TMA）、砷甜菜碱（AsB）和砷胆碱（AsC）等 5 种形态[88-91]。其中，AsB 和 AsC 主要存在于海洋生物或海产品中，很少存在于湖泊等淡水体系。MMA 和 DMA 中砷可为 +Ⅲ价或 +Ⅴ价，而其他有机砷形态中砷一般为 +Ⅴ价[88]。研究结果表明，有机砷一般存在于工业污染相对较严重的水体中[82]。

砷在水体中存在的形态还与所处的地质环境有关。曹文庚等[92]在研究杭锦后旗浅层地下水砷赋存形态时发现，当地下水化学类型为硫酸盐-氯化物型时，砷的主要化学形态为 $HAsO_4^{2-}$，$H_2AsO_4^-$，H_3AsO_3；当地下水矿化度增大，以氯化物型和氯化物-重碳酸型为主时，砷的主要化学形态为 H_3AsO_3 和 $HAsO_4^{2-}$；当地下水化学类型为重碳酸盐-氯化物型或重碳酸盐-硫酸盐型时，总砷的含量较低，且砷主要以 $H_2AsO_3^-$，H_3AsO_3，$H_2AsO_4^-$ 的形式存在。

1.3.3 沉积物中砷的赋存形态

对沉积物中重金属赋存形态的划分，比较经典的是 1979 年 Tessier 等[93]提出的 5 步提取法，该法将沉积物中重金属分为可交换态、碳酸盐结合态、铁锰氧化物结合态、有机物和硫化物结合态以及残渣态等。欧共体标准物质局（European Communities Bureau of Reference）提出了 BCR 三步连续提取法[95]，该法将沉积物中的重金属分为弱酸提取态、可还原态、可氧化态和残渣态 4 种形态。

此外，Keon 等[95]在 2001 年提出了 8 步连续提取法，该法将沉积物中的砷分为离子结合态砷（ionically-bound As），强吸附结合态砷（strongly adsorbed As），酸可挥发性硫化物、碳酸盐、锰氧化物和无定形铁氧化物结合态砷

(acid volatile sulphides, carbonates, Mn oxides and amorphous Fe oxyhydroxides-bound As)、非晶态铁氢氧化物结合态砷（amorphous Fe oxyhydroxides-bound As）、晶型铁氧化物结合态砷（crystalline Fe oxyhydroxides-bound As）、砷氧化物和硅酸盐结合态砷（arsenic oxides and silicates-bound As）、黄铁矿和非晶态硫化砷结合态砷（pyrite and amorphous As_2S_3-bound As）、雌黄（As_2S_3）和顽固性矿物结合态砷（orpiment and other recalcitrant minerals-bound As）等。这种对沉积物中砷形态的连续提取法将矿物结合态砷的分类更加细化，其优势是对结合于不同矿物中的砷含量有所了解，也有助于了解砷的活性与矿物形态之间的关系，可以根据矿物的种类更准确地预测砷形态的迁移转化规律。

当然，所有已知的沉积物中砷形态的连续提取法不是对每一种实验介质或者实验目的都适用。研究者可以根据自己的研究目的，选择合适的砷形态连续提取方法。

1.3.4　水环境中砷的赋存形态迁移转化规律

水体和沉积物中砷的赋存形态是研究其形态相互迁移转化规律的基础。在开放的沉积物-水体系中，沉积物、间隙水与上覆水三者之间物质交换过程十分复杂，影响因素也很多。由于沉积物中砷的释放可以直接增加地表水和地下水中砷的浓度，对生物和人体健康造成严重的危害，因此引起了研究者们的广泛关注。水体系中的砷主要来源于自然因素（如岩石风化等过程）和人类活动（如工业生产及含砷农药的使用等）。进入水体的砷一般以As（Ⅲ）、As（Ⅴ）、MMA、DMA、AsB、AsC等形式存在，淡水体系中MMA和DMA在总砷中所占的比重相比于其在海洋体系中所占的比重要小得多[96]，而AsB以及AsC一般存在于海产品中。进入水体中的砷很容易因水流的动力或者浓度梯度差而迁移，它可以吸附于水合金属氧化物而悬浮于水中，也可以结合在大的矿物颗粒表面或者包裹于矿物内通过沉淀作用而进入底泥。在这种迁移过程中，由于直接接触的水体或沉积物的组分有所变化，也就是所处环境的变化（如pH值、氧化还原状态、温度、有机质含量、矿物质的种类等）会引起砷的赋存形态的转化。例如：砷从有氧环境逐渐进入还原环境时，As（Ⅴ）很容易被还原为As（Ⅲ），其迁移过程中砷的形态就发生了明显的变化。进入水体中的砷通过一系列物理的、化学的及生物作用过程，在上覆水、间隙水和沉积物三种介质中循环。在这个循环过程中，砷的迁移转化行为一般可以总结为溶解态砷的浓度梯度扩散过程、溶解态砷的吸附与解吸附过程、含砷颗粒的沉降与再悬浮过程、砷酸盐（亚砷酸盐）的沉淀与溶解过程，以及砷的生物循环过程。

（1）溶解态砷的浓度梯度扩散过程。溶解态砷的浓度梯度扩散过程是由于溶解在水中的砷酸盐或亚砷酸盐在上覆水和沉积物间隙水间的浓度梯度差引起的溶解态的砷从上覆水扩散至间隙水中或从间隙水扩散至上覆水中的一个动态平衡过程。

（2）溶解态砷的吸附与解吸附过程。溶解态砷的吸附和解吸附过程容易发生在沉积物-水界面，或者沉积物-间隙水体系中。上覆水体中可溶性砷酸盐或亚砷酸盐可由沉积物表面带电物质所吸引，间隙水中的可溶性砷酸盐或亚砷酸盐可由与之紧密接触的沉积物带电颗粒所吸引。在开放体系中，这种颗粒物可以来源于矿物，也可以来源于生物体（如植物残根等）的分解，或水生生物的排泄物及残体的分解物等。Tessier等提出的5步提取法中的可交换态金属大部分是通过此种方式结合在沉积物中的。可交换态砷酸盐或亚砷酸盐具有较高的活性，容易通过阴离子交换吸附或配位吸附至沉积物中的氧化物、黏土矿物和有机固体表面。在水体中，当砷酸盐或亚砷酸盐浓度减小时，为了保持砷酸盐（亚砷酸盐）吸附-解吸附的动态平衡，可交换态砷酸盐（亚砷酸盐）又可以发生解吸附作用释放至水体中。当然，砷酸盐（亚砷酸盐）也可由于氧化物、黏土矿物和有机质的分解而发生解吸附作用释放。

（3）含砷颗粒的沉降与再悬浮过程。含砷颗粒的沉降与再悬浮过程是一个物理过程，水体中的含砷颗粒物由于重力等作用沉降至沉积物表面，这种含砷的颗粒物在沉降过程中如果未被生物所利用，或者未转化为其他形态的砷脱离颗粒物而释放出来，经过长时间的沉积作用会被逐渐埋藏于沉积物中。在遇到强风作用引起的风浪搅动或者底栖生物的搅动时，这种含砷颗粒物有可能通过再悬浮过程回到间隙水或上覆水中，作为潜在的砷污染而迁移或转化。

（4）砷酸盐（亚砷酸盐）的沉淀与溶解过程。砷酸盐（亚砷酸盐）的沉淀与溶解过程是一个化学过程。沉积物中的砷酸盐（亚砷酸盐）一般是与铁锰的氧化物或氢氧化物、碳酸盐或磷酸盐矿物等发生沉淀与共沉淀作用。它们一般以化学反应的方式结合在矿物的表面，或者在矿物形成过程中与矿物中的组分反应结合于矿物体内，并随着形成的矿物体积的增加被包裹在矿物晶格中[97]。在富含SO_4^{2-}的沉积物中，当环境处于还原环境时，SO_4^{2-}容易被还原为S^{2-}，在溶解性Fe充足的情况下，还可生成FeS或Fe_2S_3[98]。砷酸盐或亚砷酸盐在向沉积物下部扩散的过程中，可与这些SO_4^{2-}的还原产物结合，形成AsS，As_2S_3，FeAsS或$FeAs_2$等矿物而沉淀在沉积物中[88]。溶解过程一般包括两个方面：一是结合于铁锰氧化物或氢氧化物表面或包裹于其体内的砷，由于铁锰氧化物或氢氧化物的还原溶解而释放出来的过程[99]；二是微生物介导的矿物溶解作用而导致的砷的释放过程[100]。释放至间隙水中的砷在向上覆水扩散的过程中，由于沉积环境从缺氧状态逐渐变化为富氧状态，被还原形成的Fe（Ⅱ）和Mn（Ⅱ）有可能再次被氧化形成为Fe（Ⅲ）和Mn（Ⅳ）的氧化物或氢氧化物，而这部分释放并向上扩散的砷有可能再次与之结合并沉淀至沉积物中，因此一般在沉积物-水界面总砷的含量较大[101,102]。

（5）砷的生物循环过程。砷的生物循环过程包括三个方面[103,104]：一是水生植物对砷的吸收与代谢；二是浮游动物或底栖生物对砷的吸收转化；三是微生物对砷的吸收转化。水生植物对砷的吸收因植物种类的不同而不同。除部分沉水植物能够通过叶片从水体中吸收砷之外[105]，其他植物一般是通过根部来吸收砷的。植物对砷（Ⅴ）的吸收主要通过磷酸盐转运蛋白进入植物细胞，而对砷（Ⅲ）的吸收主要依靠根细胞膜上的某些水通道蛋白[106]。底栖生物是水体系中重要的次级生产力，是鱼类等浮游动物的天然饵[107]。底栖生物中砷的含量一般随沉积物和间隙水中砷含量的增加而增加。浮游动物通过食用浮游植物、底栖生物或细菌将砷富集在体内。不同食性的浮游动物其体内砷的赋存形态各不相同[108,109]。微生物广泛存在于水体系中，对砷在水体中的迁移转化起到了非常关键的作用。一些耐砷的微生物，能通过自身的新陈代谢促进砷的生物地球化学循环，影响砷形态的迁移转化行为[110]。由于微生物的存在，由微生物介导的砷的迁移转化过程贯穿于砷的浓度梯度扩散、砷的吸附与解吸附、含砷颗粒的沉降与再悬浮以及砷酸盐（亚砷酸盐）的沉淀与溶解这些过程之中。微生物可以通过很多途径来改变砷的赋存形态：如可以通过对沉积物有机质的矿化作用，使沉积物处于相对还原的状态而改变砷的赋存形态；可以通过氧化-还原作用实现各无机砷形态的相互转化；可以通过甲基化作用和去甲基化作用实现无机砷和有机砷间的相互转化；可以通过溶解沉积物组分中的矿物使得结合于矿物中的砷的迁移甚至转化。

值得注意的是，沉积物-水界面这些砷赋存形态的迁移转化过程并不是相互独立的，在吸附过程中，有可能同时发生着沉降作用或是微生物对有机质的矿化作用，而这些自然状态下的物理、化学和生物过程，导致了砷从进入沉积物-水体系到最终的早期成岩，这是一个非常缓慢且复杂的多因素影响过程。

1.3.5 水溶液体系中砷迁移转化影响因素

影响水体系中砷形态迁移转化过程的因素有很多，包括上覆水物化参数

[如温度、pH值、溶解氧（dissolved oxygen，DO）、氧化还原电位（oxidation reduction potential，ORP）等］，沉积物的理化性质（如沉积物中有机质含量、矿物成分、沉积物的粒度、沉积物的含水率等）以及风浪或底栖生物的搅动和微生物作用等。

1.3.5.1　pH值对砷赋存形态迁移转化行为的影响

砷酸盐和亚砷酸盐因为具有不同的吸附等温线，它们会以不同的迁移速度通过沉积物的含水层[20]。有研究结果指出[111]，在氧化条件且偏酸性（pH值为5.7）的溶液中，As（Ⅲ）的迁移速率比As（Ⅴ）快5～6倍；在中性条件下（pH值为6.9），As（Ⅴ）的迁移速率比在酸性（pH值为5.7）条件下As（Ⅴ）的迁移速率快得多，但仍比As（Ⅲ）慢；在还原条件且偏碱性（pH值为8.3）的环境中，As（Ⅲ）和As（Ⅴ）的迁移速率都很快；As（Ⅲ）和As（Ⅴ）的含量也会影响它们的迁移速率，含量减小时，其迁移速率也降低。

一般而言，砷的含量会随水体中pH值的增大而增高，这主要是一方面由于pH值越高，溶液中所含的OH^-越多，可以与水中带负电的砷酸根离子或亚砷酸根离子在沉积物表面竞争吸附位点，而使沉积物中的砷释放至间隙水中引起水体中砷含量的增加[112]；另一方面，含水介质中带正电的物质，如铁锰氧化物以及某些黏土矿物在pH值增大至超过这些物质的零点电荷时，这些带正电的物质就会带负电荷，从而降低对砷酸盐或亚砷酸盐的吸附作用使水体中砷含量增高[113]。

1.3.5.2　氧化还原条件对砷赋存形态迁移转化行为的影响

氧化还原条件影响着水体中砷的赋存形态，特别是As（Ⅲ）和As（Ⅴ）的相互转化作用。在水体系中氧化还原环境是相对的，因此一般而言As（Ⅲ）和As（Ⅴ）是共存的状态。大量研究结果表明[114-116]，在氧化环境下砷酸盐As（Ⅴ）占主导地位，而在还原环境下亚砷酸盐As（Ⅲ）占主导地位，从而更有利于砷在地下水中的迁移。

随着沉积物深度的增加，新鲜有机物的埋藏和溶解氧在沉积物中的缓慢扩散使得沉积物-水界面以下从氧化环境逐步向还原环境过渡，在沉积物-水界面以下会形成一个强烈的还原带，在此还原带中就会发生一系列的还原反应[117]。在这些还原反应中，对砷的迁移转化最关键的便是铁氧化物的还原反应。含铁氧化物的还原溶解会导致其矿物内或吸附于矿物表面的砷的释放。不溶性的锰氧化物或铝氧化物的还原溶解，也会使吸附于其矿物体内或矿物表面的砷释放至水体中，锰和铝氧化物的还原通常发生在铁氧化物的还原作用以后。随后便是SO_4^{2-}的还原过程以及CH_4的形成过程。SO_4^{2-}还原过程产生的S^{2-}与沉积物中的Fe反应生成FeS，由于沉积物中Fe的含量通常比S多，因此FeS最终会以黄铁矿（FeS_2）的形式存在于沉积物中。

1.3.5.3　沉积物组分对砷赋存形态迁移转化行为的影响

沉积物中与砷酸盐或亚砷酸盐结合的主要矿物是金属氧化物，特别是铁、锰和铝的金属氧化物[118]。大约50%的淡水沉积物中的铁是以铁氧化物的形式存在，约20%的铁属于"活性铁"[82]。黄铁矿的形成离不开强还原环境，且一般存在于被埋藏的植物残根或正在分解的有机质附近。在黄铁矿的形成过程中，一些可溶解的含砷化合物有可能被结合在黄铁矿中[82]。黄铁矿在有氧体系中不太稳定，容易氧化成为铁氧化物从而释放出SO_4^{2-}和一些痕量组分，如含砷化合物等。在许多氧化物矿物和含水金属氧化物中也发现了高浓度的砷，这些砷有些是作为矿物结构的一部分存在于矿物中，一部分因物理或化学的吸附作用而结合于矿物体表面。当铁氧化物作为原生铁硫化物矿物的氧化产物形成时，这些矿物中含有丰富的砷。含水铁氧化物对砷酸盐的吸附能力特别强，即使水溶液中砷的浓度相当低，其吸附能力也是非常可观的[119]。如果铝和锰的氧化矿物的数量足够多，那么它们对砷酸盐的吸附作用也很重要[120]。黏土和方解石是许多沉积物中常见的矿物质，砷也可能被吸附在沉积物中的黏土边缘或方解石的表面[121]。但是吸附于铝和锰氧化矿物或者黏土以及方解石中的砷的含量远远小于吸附于铁氧化物中的含量。沉积物中的矿物质对砷的吸附反应导致了水体中相对较低的砷浓度。

沉积物中有机质的含量组分主要为腐殖质，包括腐殖酸和富里酸。Sharma等[122]发现沉积物中有机质的含量是影响水环境中砷迁移转化的关键因素。一方面，沉积物有机质可以通过它具有的特殊的官能团（如羟基、脂类、醌类、氨基、亚硝基等）促进砷的氧化还原反应，从而改变砷的赋存形态[116]；另一方面，沉积物中天然有机质由于带负电荷，能够与同样带负电荷的砷酸盐或亚砷酸盐在沉积物表面形成竞争吸附，使得砷在沉积物中的吸附量大大减少，增加砷在水体中的迁移性[123]。值得一提的是，沉积物中有机质含量对砷迁移转化的影响离不开微生物介导的一系列氧化还原、甲基化或去甲基化作用。

1.3.5.4　水体营养状况对砷赋存形态迁移转化行为的影响

已有研究结果表明[124,125]，砷在水体中的迁移转化行为可能受到水体富营养化的影响。作为引起水体富营养化的PO_4^{3-}和NO_3^-的含量以及水体富营养化引起的水体pH值、氧化还原电位、溶解氧以及有机质的含量变化等都可以影响水体中砷的赋存形态间的转化以及在水体中的迁移行为。PO_4^{3-}和NO_3^-主要以和砷酸根或亚砷酸根共存离子的形式与其竞争沉积物中的吸附位点而增加砷的迁移性。而富营养化状态下,浮游藻类、细菌、真菌等的数量快速增长导致了水体系中砷的氧化还原和甲基化(或去甲基化)作用增强;浮游植物的疯长、衰亡会导致沉积物中的有机质含量增高,从而导致微生物介导的还原反应增强,改变沉积物及间隙水的氧化还原环境,对砷形态间的转化产生影响。

1.3.6 水产品砷安全风险研究现状

1.3.6.1 砷的毒性

近年来,水产品中砷赋存形态及含量对人类健康产生的危害受到各国人民的高度重视[126, 127]。砷的毒性大小取决于其化学形态。大量研究结果表明,无机砷的毒性远远大于有机砷。由于As(Ⅲ)对巯基(-SH)具有高亲和性,并能与生物体内的肽和蛋白质中的半胱氨酸结合,因而As(Ⅲ)的毒性远大于As(Ⅴ)[107, 128-130],其约为As(Ⅴ)毒性的60倍[131, 132]。As(Ⅲ)和As(Ⅴ)经生物体消化吸收后,经一系列新陈代谢作用,首先发生As(Ⅴ)向As(Ⅲ)的转化,再通过砷的甲基化作用生成活性较低的MMA、DMA和TMA,这种甲基化代谢过程通常被认为是生物体的解毒过程[82]。有机砷的毒性较小,其中AsB和AsC通常被认为是无毒的[133]。也有研究结果发现,甲基化过程产生的代谢物—甲基亚砷酸[$CH_3As(OH)_2$,MMA(Ⅲ)]和二甲基亚砷酸[$(CH_3)_2As(OH)$,DMA(Ⅲ)]因具有亲脂特性,可与蛋白质结合抑制和破坏生物体内的酶,从而产生比无机亚砷酸盐更高的毒性[134]。因此,砷的毒性大小顺序可表示为:DMA(Ⅲ) > MMA(Ⅲ) > As(Ⅲ) > As(Ⅴ) > DMA(Ⅴ) > MMA(Ⅴ) > TMA > AsB/AsC。

尽管砷对大多数生物体都呈现毒性,但一些原核生物仍可以通过将砷还原或者氧化来获取自生生长的能量。微生物在砷的地球化学循环中普遍存在,并通过一系列的氧化、还原或甲基化作用将砷转化为可溶的、可迁移的、生物可利用的形态,从而影响着环境中砷的毒性机制[135]。

1.3.6.2 水产品中砷存在形态及毒性

各种砷化物的毒性与其形态密切相关,因水产品中的砷含量超标而导致的中毒性和致癌作用主要取决于水产品中无机砷的含量[136]。海产品中砷的主要存在形式为有机砷，且多以 AsB 的形式存在，通常浓度在 1～300 μg/g（以干重计），占可提取砷的 80% 左右[137,138]。在海洋水产品中也发现了其他有机砷化合物如 AsC 和砷糖的存在[139]。AsB 是一种惰性、无毒的化合物，对水产品和人体无害。无机 As（Ⅲ）和 As（Ⅴ）在水产品中的比例通常较低，一般小于总砷的 1%～4%[140]。

1.3.6.3 砷在水产品中的富集规律

研究结果表明[141,142]，水产品中鱼类主要通过三种途径富集砷：一是通过鱼鳃的呼吸作用吸收水中的砷，然后经体内血液循环运输到身体的其他部位；二是通过鱼体体表与水体的渗透交换作用；三是通过逐级食物链传递作用。大多数水产品从水体中仅吸收少量的无机砷，而主要从食物中富集砷[143]。微藻或浮游植物较容易从水体中吸收砷酸盐，然后快速地对砷酸盐进行还原及甲基化，并以砷糖或其他甲基化的砷化物形式存在[144]。水生生物通过食用这些微藻或浮游植物的残体而将砷富集于体内。

早在 20 世纪 80 年代，Hunter[145] 在研究被砷污染的 Texoma 湖时就发现，生活在湖中的鱼体内平均砷含量高达 34.0 μg/g（湿重），远超过了《食品中污染物限量》（GB 2762—2012）对无公害海产品中砷含量的限量标准（≤0.1 mg/kg），而这与底泥中较高的砷含量（209 μg/g）密切相关；Pedlar 等[146] 用含砷量不同（0，100，1000 μg/g）的饵料喂食鲑鱼，发现鲑鱼体内富集的砷主要存在于内脏中，而鱼肉中砷的含量并不是很高；Suhendrayatna 等[147] 通过研究发现，砷在鱼体内的直接富集量随着水中 As（Ⅲ）浓度的升高而升高，富集的砷其中一部分可转化为甲基砷，而大约 70% 的砷可直接排出体外；罗国钧[148] 通过研究发现，鲫鱼体内砷含量最高的部位是鱼鳞，其次是鱼肉和内脏；姚刚[149] 在研究中发现，砷在底栖生物肌肉组织中的富集量大于在鱼类肌肉组织中的富集量，在鱼体内的含量分布则为：鱼鳃＞鱼肠＞鱼肺＞鱼肉；郭金玲[150] 通过研究发现，渤海湾（天津段）海产梭鱼肌肉组织中的砷主要以无毒的 AsB 存在，而肝脏中的砷主要以 DMA 的形式存在，由此推测肝脏是鱼体内进行砷形态代谢转化的主要场所。通常，甲壳类比鱼类更容易富集砷，双壳类软体动物等贝类也对一些重金属离子有高度富集作用，由于其代谢比鱼类或甲壳类慢，因此其体内会保持较高的富集水平[151]。这些研究结果充分说明，水产品生存环境中砷的暴露水平与水产品对砷的富集水平密切相关，且不同品种的水产品对砷的富集能力存在差异。

1.4 参考文献

[1] 陈永川,汤利.沉积物-水体界面氮磷的迁移转化规律研究进展[J].云南农业大学学报,2005,20(4):527-533.

[2] 李再兴.白洋淀冰封期沉积物中氮赋存形态及分布特征[J].环境工程,2019,37(12):29-33.

[3] 张蓉.沱江流域冬季沉积物-水界面氮的赋存形态及其环境地球化学研究[D].成都:成都理工大学,2008.

[4] 王国胜.地表水中氨氮的变化及检测中的质量控制[J].山西化工,2002,22(3):34-37.

[5] 黄欣嘉.湘江衡阳段沉积物氮形态分析及对水体中硝态氮吸附—解吸特性研究[D].衡阳:南华大学,2017.

[6] KEMP A LW, MUDROCHOVA A. Distribution and forms of nitrogen in a Lake Ontario sediment core[J]. Limnology and Oceanography, 1972, 17(6): 855-867.

[7] NICHOLS D S, KEENEY D R. Nitrogen nutrition of myriophyllum spicatum: variation of plant tissue nitrogen concentration with season and site in Lake Wingra[J]. Freshwater Biology, 1976, 6(2): 137-144.

[8] 吕晓霞,宋金明.海洋沉积物中氮的形态及其生态学意义[J].海洋科学集刊,2003,45(1):101-111.

[9] 马红波,宋金明,吕晓霞,等.渤海沉积物中氮的形态及其在循环中的作用[J].地球化学,2003(1):48-54.

[10] 王圣瑞,金相灿,焦立新.不同污染程度湖泊沉积物中不同粒级可转化态氮分布[J].环境科学研究,2007(3):52.

[11] DE LANG G J. Distribution of exchangeable, fixed, organic and total nitrogen in interbedded turbiditic/pelagic sediments of the Madeira Abyssal Plain, eastern North Atlantic[J]. Marine geology, 1992, 109(1/2): 95-114.

[12] 宋金明,马红波,吕晓霞,等.渤海沉积物氮的生物地球化学功能[J].海洋科学集刊,2003,45(1):86-100.

[13] 闫兴成,王明玥,许晓光,等.富营养化湖泊沉积物有机质矿化过程中碳、氮、磷的迁移特征[J].湖泊科学,2018,30(2):306-313.

[14] 李乾岗,田颖,刘玲,等.水体中沉积物氮和磷的释放机制及其影响因素研究进展[J].湿地科学,2022,20(1):94-103

[15] 张严严,房文艳,许国辉,等.波浪作用下沉积物中氮、磷释放速率的试验研究[J].中国海洋大学学报,2020,50(4):102-110

[16] JICKELLS T D. Nutrient biogeochemistry of the coastal zone[J]. Science, 1998, 281: 217-222.

[17] 彭晓彤,周怀阳.海岸带营养盐生物地球化学研究评述[J].海洋通报,2002,21(3):69-77.

[18] JAWORSKI N A, HOWARTH R W. Atmospheric deposition of oxides out to landscape contributes to coastal eutrophication in the Northeast United States[J]. Environmental Science Technology, 1997, 31(7): 1995-2004.

[19] 黄小平,黄良民.珠江口海域无机氮和活性磷酸盐含量的时空变化特征[J].台湾海峡,2002,21(4):416-421.

[20] 王雨春,万国江,尹澄清,等.红枫湖、百花湖沉积物全氮、可交换态氮和固定铵赋存特征[J].湖泊科学,2002,14(4):301-309.

[21] 周念清,赵姗,沈新平.天然湿地演替带氮循环研究进展[J].科学通报,2014,59(18):1688-1699.

[22] 陶怡乐,温东辉.细菌硝酸盐异化还原成铵过程及其在河口生态系统中的潜在地位与影响[J].微生物学通报,2016,43(1):172-181.

[23] 赵彤,蒋跃利,闫浩,等.土壤氨化过程中微生物作用研究进展[J].应用与环境生物学报,2014,20(2):315-321.

[24] SAYAMA M, RISGAARD-PETERSEN N, NIELSEN L P, et al. Impact of bacterial NO3(-) transport on sediment biogeochemistry[J]. Applied and Environmental Microbiology, 2005, 71(11): 7575-7577.

[25] 刘显辉.鄱阳湖湿地潜流带沉积物有机碳与氮素迁移转化特征及机制[D].上海:华东理工大学,2023.

[26] 杨龙元,蔡启铭,等.太湖梅梁湾沉积物-水界面氮迁移特征初步研究[J].湖泊科学,1998,10(4):41-47.

[27] 周苗,李思亮,丁虎,等.地表流域有机碳地球化学研究进展[J].生态学杂志,2018,37(1):255-264.

[28] 李淑芬,俞元春,何晟.土壤溶解有机碳的研究进展[J].土壤与环境,2002(4):422-429.

[29] 杨龙元,GARDNER W S.休伦湖Saginaw湾沉积物反硝化率的测定及时

空特征[J]. 湖泊科学, 1998, 10(3): 548-553.

[30] YAN W J, MAYORGA E, LI X Y, et al. Increasing anthropogenic nitrogen inputs and riverine DIN exports from the Changjiang River basin under changing human pressures[J]. Global Biogeochemical Cycles, 2010, 24(4): 1-14.

[31] RISGAAD-PETERSEN N, OTTOSEN L D M. Nitrogen cycling in two temperate Zostera marina beds: seasons variation[J]. Marine Ecology-Progress Series, 2000, 198(1): 93-107.

[32] 曾洪玉. 太湖沉积物反硝化与厌氧氨氧化速率及其动力学特征研究[D]. 南京: 南京大学, 2016.

[33] 王毛兰, 赖建平, 胡珂图, 等. 鄱阳湖表层沉积物有机碳、氮同位素特征及其来源分析[J]. 中国环境科学, 2014, 34(4): 1019-1025.

[34] 王琦, 姜霞, 金相灿, 等. 太湖不同营养水平湖区沉积物磷形态与生物可利用磷的分布及相互关系[J]. 湖泊科学, 2006, 18(2): 120-126.

[35] WANG Z J, GIOVANOLI F, EL-GHOBARY H, et al. A speciation study of phosphorus in the interstitial water of Lake Geneva[M]. New York: Springer-Verlag Press, 1986.

[36] JARVIE H P, WHITTON B A, NEAL C. Nitrogen and phosphorus in east coast British rivers: speciation, sources and biological significance[J]. The Science of the Total Environment, 1998, 210: 79-109.

[37] EVANS D J, JOHNES P J. Physico-chemical controls on phosphorus cycling in two lowland Streams. Part 1: the water column[J]. The Science of the Total Environment, 2004, 329: 145-163.

[38] COOPER D M, HOUSE W A, REYNOLDS B. The phosphorus budget of the Thame catchment, Oxfordshire: 2. Modelling[J]. The Science of the Total Environment, 2002, 282/283(1): 435-457.

[39] TUE-NGEUN O, ELLIS P, MCKELVIE I D, et al. Determination of dissolved reactive phosphorus (DRP) and dissolved organic phosphorus (DOP) in natural waters by the use of rapid sequenced reagent injection flow analysis[J]. Talanta, 2005, 66(2): 453-460.

[40] YOSHIMURA T, NISHIOKA J, SAITO H, et al. Distributions of particulate and dissolved organic and inorganic phosphorus in North Pacific surface waters[J]. Marine Chemistry, 2007, 103(1): 112-121.

[41] BENITEZ-NELSON C R, O'NEILL L, KOLOWITH L C, et al. Phosphonates and particulate organic phosphorus cycling in an anoxic marine basin [J]. Limnology and Oceanography, 2004, 49 (5): 1593-1604.

[42] VAN DER ZEE C, ROEVROS N, CHOU L. Phosphorus speciation, transformation and retention in the Scheldt estuary (Belgium/The Netherlands) from the freshwater tidal limits to the North Sea [J]. Marine Chemistry, 2008, 106 (1/2): 76-91.

[43] CHANG S, JACKSON M. Fractionation of soil phosphorus [J]. Soil Science, 1957, 84 (84): 133-144.

[44] HIELTJES A H M, LIJKLEMA L. Fractionation of Inorganic Phosphates in Calcareous Sediments [J]. Journal of Environmental Quality, 1980, 9 (3): 405-407.

[45] RUTTENBERG K C. Development of a sequential extraction method for different forms of phosphorus in marine sediments [J]. Limnology and Oceanography, 1992, 37 (7): 1460-1482.

[46] GOLTERMAN H L. Fractionation of sediment phosphate with chelating compounds: a simplification, and comparison with other methods [J]. Hydrobiologia, 1996, 335 (1): 87-95.

[47] MEDEIROS J J G, CID B P, GÓMEZ E F. Analytical phosphorus fractionation in sewage sludge and sediment samples [J]. Analytical and Bioanalytical Chemistry, 2005, 381 (4): 873-878.

[48] 朱广伟,秦伯强,高光,等.长江中下游浅水湖泊沉积物中磷的形态及其与水相磷的关系 [J].环境科学学报,2004,24 (3): 381-388.

[49] 胡凯,柯鹏振,吴永红,等.高原浅水湖泊沉积物中磷、氮形态化学研究 [J].长江流域资源与环境,2005,14 (4): 507-511.

[50] 胡俊,丰民义,吴永红,等.沉水植物对沉积物中磷赋存形态影响的初步研究 [J].环境化学,2006,25 (1): 28-31.

[51] 杨耿,秦延文,韩超南,等.岷江干流表层沉积物中磷形态空间分布特征 [J].环境科学,2018,39 (5): 2165-2173.

[52] 赵颖,王国秀,章北平.典型城内过富营养湖泊沉积物和间隙水中各形态磷的相关性研究 [J].长江流域资源与环境,2006,15 (4): 490-494.

[53] PARDO P, RAURET G, LÓPEZ-SÁNCHEZ J F. Shortened screening method for phosphorus fractionation in sediments: a complementary approach to the

standards, measurements and testing harmonised protocol [J]. Analytica Chimica Acta, 2004, 508 (2): 201-206.

[54] BRANDES J A, INGALL E, PATERSON D. Characterization of minerals and organic phosphorus species in marine sediments using soft X-ray fluorescence spectromicroscopy [J]. Marine Chemistry, 2007, 103 (3): 250-265.

[55] BENITEZ-NELSON C R. The biogeochemical cycling of phosphorus in marine systems [J]. Earth-Science Reviews, 2000, 51 (1/4): 109-135.

[56] KOLOWITH L C, INGALL E, BENNER R. Composition and cycling of marine organic phosphorus [J]. Limnology and Oceanography, 2001, 46 (2): 309-320.

[57] CLARK L L, INGALL E, BENNER R. Marine organic phosphorus cycling: novel insights from nuclear magnetic resonance [J]. American Journal of Science, 1999, 299 (7): 724-737.

[58] 张奇. 沉积物磷形态及影响因素研究进展 [J]. 绿色科技, 2017 (10): 135-138.

[59] BOWMAN R A, COLE C V. An exploratory method for fractionation of organic phosphorus from grassland soils [J]. Soil Science, 125 (2): 95-101.

[60] IVANOFF D B, REDDY K R, ROBINSON S. Chemical fractionation of organic phosphorus in selected histosols1 [J]. Soil Science, 1998, 163 (1): 36-45.

[61] 刘凯, 倪兆奎, 王圣瑞, 等. 鄱阳湖沉积物有机磷累积特征及其与流域发展间的响应关系 [M]. 环境科学学报, 2015, 35 (5): 1292-1301.

[62] 吴怡, 邓天龙, 徐青, 等. 水环境中磷的赋存形态及其分析方法研究进展 [J]. 岩矿测试, 2010, 29 (5): 557-564.

[63] 陈洁, 许海, 詹旭, 等. 湖泊沉积物-水界面磷的迁移转化机制与定量研究方法 [J]. 湖泊科学, 2019, 31 (4): 907-918.

[64] BROECKER W S, PENG T H. The Tracers in the sea [M]. New York: Lamount-Doherty Geological Observatory, 1982.

[65] 孙宏发, 刘占波, 谢安. 湿地磷的生物地球化学循环及影响因素 [J]. 内蒙古农业大学学报 (自然科学版), 2006, 27 (1): 148-152.

[66] 李津津. 微宇宙暖化湿地土：水界面磷素生物地球化学循环规律与机制研究 [D]. 杭州: 浙江大学, 2010.

[67] PICARD C R, FRASER L H, STEER D. The interacting effects of temperature and plant community type on nutrient removal in wetland microcosms [J]. Bioresource Technology, 2005, 96 (9): 1039-1047.

[68] KIM L H, CHOI E, STENSTROM M K. Sediment characteristics, phosphorus types and phosphorus release rates between river and lake sediments [J]. Chemosphere, 2003, 50 (1): 53-61.

[69] JIN X C, WANG S R, PANG Y, et al. Phosphorus fractions and the effect of pH on the phosphorus release of the sediments from different trophic areas in Taihu Lake, China [J]. Environmental Pollution, 2006, 139 (2): 288-295.

[70] SPEARS B M, CARVALHO L, PERKINS R, et al. Sediment phosphorus cycling in a large shallow lake: spatio-temporal variation in phosphorus pools and release [J]. Hydrobiologia, 2008, 584 (1): 37-48.

[71] 袁轶君, 刘娜娜, 陈传红, 等. 环境因子对鄱阳湖沉积物中内源磷释放的影响 [J]. 江苏农业科学, 2020, 48 (5): 227-235.

[72] 马鑫雨, 杨盼, 张曼, 等. 湖泊沉积物磷钝化材料的研究进展 [J]. 湖泊科学, 2022, 34 (1): 1-17.

[73] KIM L H, CHOI E, GIL K I, et al. Phosphorus release rates from sediments and pollutant characteristics in Han River, Seoul, Korea [J]. Science of the Total Environment, 2004, 321 (1/3): 115-125.

[74] 金相灿, 王圣瑞, 庞燕. 太湖沉积物磷形态及pH值对磷释放的影响 [J]. 中国环境科学, 2004, 24 (6): 707-711.

[75] 闫金龙. 铁氧化物-有机质复合物对磷的吸附与形态调控效应研究 [D]. 重庆: 西南大学, 2016.

[76] SUNDBY B, GOBEIL C, SILVERBERG N, et al. The Phosphorus cycle in coastal marine sediments [J]. Hydrobiologia, 1993, 253 (1/3): 320.

[77] ERIN M B, RODNEY T V, JOHN M B, et al. Phosphorus and greenhouse gas dynamics in a drained calcareous wetland soil in Minnesota [J]. Journal of Environmental Quality, 2009, 38 (5): 2147-2158.

[78] FAUL K L, PAYTAN A, DELANEY M L. Phosphorus distribution in sinking oceanic particulate matter [J]. Marine Chemistry, 2005, 97 (3): 307-333.

[79] SHENKER M, SEITELBACH S, BRAND S, et al. Redox reactions and phosphorus release in re-flooded soils of an altered wetland [J]. European Journal of Soil Science, 2005, 56 (4): 515-525.

[80] 宋国栋.黄东海沉积物中磷的形态及其影响因素研究[D].青岛：中国海洋大学, 2014.

[81] 梁艳燕.地下水中砷的自然氧化模拟研究[D].武汉：中国地质大学, 2010.

[82] SMEDLEY P L, KINNIBURGH D G. A review of the source, behavior and distribution of arsenic in natural waters[J]. Applied Geochemistry, 2002, 17: 517-568.

[83] GORNY J, BILLON G, NOIRIEL C, et al. Redox behaviour of arsenic in the surface sediments of the Marque River (Northern France)[J]. Journal of Geochemical Exploration, 2018, 188: 111-122.

[84] LI S Y, YANG C L, PENG C H, et al. Effects of elevated sulfate concentration on the mobility of arsenic in the sediment-water interface[J]. Ecotoxicology and Environmental Safety, 2018, 154(1): 311-320.

[85] BELZILE N, TESSIER A. Interactions between arsenic and iron oxyhydroxides in lacustrine sediments[J]. Geochimica Et Cosmochimica Acta, 1990, 54(1): 103-109.

[86] CHEN Y, WU F, GRAZIANO J H, et al. Arsenic exposure from drinking water, arsenic methylation capacity, and carotid intima-media thickness in Bangladesh[J]. American Journal of Epidemiology, 2013, 178(3): 372-381.

[87] 罗婷, 景传勇.地下水砷污染形成机制研究进展[J].环境化学, 2011, 30(1): 77-83.

[88] 杨芬, 朱晓东, 韦朝阳.陆地水环境中砷的迁移转化[J].生态学杂志, 2015, 34(5): 1448-1455.

[89] SHARMA V K, SOHN M. Aquatic arsenic: Toxicity, speciation, tranformations, and remediation[J]. Environment International, 2009, 35(4): 743-759.

[90] HASEGAWA H, MATSUI M, OKAMURA S, et al. Arsenic speciation including "hidden" arsenic in natural waters[J]. Applied Organometallic Chemistry, 1999, 13(2): 113-119.

[91] HANAOKA K, UCHIDA K, TAGAWA S, et al. Uptake and degradation of arsenobetaine by the microorganisms occurring in sediments[J]. Applied Organometallic Chemistry, 1995, 9(7): 573-579.

[92] 曹文庚, 陈南祥, 张翼龙, 等.杭锦后旗浅层地下水砷赋存形态研究[J].南水北调与水利科技, 2010, 8(6): 98-101.

[93] TESSIER A, CAMPBELL P G C, BISSON M. Sequential extraction procedure for the speciation of particulate trace metals [J]. Analytical Chemistry, 1979, 51 (7): 844-851.

[94] QUEVAUVILLER P, RAURET G, LÓPEZ-SÁNCHEZ J F, et al. Certification of trace metal extractable contents in a sediment reference material (CRM 601) following a three-step sequential extraction procedure [J]. Science of the Total Environment, 1997, 205 (2): 223-234.

[95] KEON N E, SWARTZ C H, BRABANDER D J, et al. Validation of an arsenic sequential extraction method for evaluating mobility in sediments [J]. Environmental Science and Technology, 2001, 35 (13): 2778-2784.

[96] WATANABE T, HIRANO S. Metabolism of arsenic and its toxicological relevance [J]. Archives of Toxicology, 2013, 87 (6): 969-979.

[97] MASUE Y, LOEPPERT R H, KRAMER T A. Arsenate and arsenite adsorption and desorption behavior on coprecipitated aluminu: iron hydroxides [J]. Environmental Science and Technology, 2007, 41 (3): 837-842.

[98] 康绪明. 黄东海沉积物中还原无机硫的形态特征及影响因素研究 [D]. 青岛: 中国海洋大学, 2015.

[99] 王程, 韩双宝, 张富存, 等. 银北平原浅层高砷地下水砷富集水化学特征研究 [J]. 地质与资源, 2017, 26 (4): 383-389.

[100] 张雪霞, 贾永锋, 潘蓉蓉, 等. 微生物作用引起的铁铝氢氧化物吸附砷的还原与释放机制研究 [J]. 环境科学, 2009, 30 (3): 755-760.

[101] TOEVS G, MORRA M J, WINOWIECKI L, et al. Depositional influences on porewater arsenic in sediments of a mining-contaminated freshwater lake [J]. Environmental Science and Technology, 2008, 42 (18): 6823-6829.

[102] DENG T L, WU Y, YU X P, et al. Seasonal variations of arsenic at the sediment-water interface of Poyang Lake, China [J]. Applied Geochemistry, 2014, 47 (8): 170-176.

[103] 张莘. 水生浮游植物砷吸收、代谢及耐性机制研究 [D]. 北京: 中国科学院研究生院, 2009.

[104] 唐小惠, 郭华明, 刘菲. 富砷水环境中微生物及其环境效应的研究现状 [J]. 水文地质工程地质, 2008, 35 (3): 104-107.

[105] 汪京超, 李楠楠, 谢德体, 等. 砷在植物体内的吸收和代谢机制研究进展 [J]. 植物学报, 2015, 50 (4): 516-526.

[106] 刘文菊,赵方杰.植物砷吸收与代谢的研究进展[J].环境化学,2011,30(1):56-62.

[107] 张楠,韦朝阳,杨林生.淡水湖泊生态系统中砷的赋存与转化行为研究进展[J].生态学报,2013,33(2):337-347.

[108] 尚德荣,赵艳芳,郭莹莹,等.食品中砷及砷化合物的食用安全性评价[J].中国渔业质量与标准,2012,2(4):21-32.

[109] MORI C, ORSINI A, MIGON A, et al. Impact of arsenic and antimony contamination on benthic invertebrates in a minor Corsican river [J]. Hydrobiologia, 1999, 392(1): 73-80.

[110] TURPEINEN R, PANTSAR-KALLIO M, HÄGGBLOM M, et al. Influence of microbes on the mobilization, toxicity and biomethylation of arsenic in soil [J]. Science of the Total Environment, 1999, 236(1/3): 173-180.

[111] GULENS J, CHAMP D R, JACKSON R E. Influence of redox environments on the mobility of arsenic in ground water. In: Jenne, E. A. (Ed.), Chemical Modelling in Aqueous Systems [J]. American Chemical Society Symposium Series, 1979(93): 81-95.

[112] 付博,王刚,张志彬,等.pH与Eh对郑州北郊水源地沉积物中砷溶出的影响[J].青岛理工大学学报,2013,34(4):99-103.

[113] 李朝欣.河套平原临河区高砷地下水分布及水化学特征[D].北京:首都师范大学,2008.

[114] 肖翻,贾永锋,王少锋.厌氧环境中硫代As(V)在水-矿物界面的吸附研究[J].吉林大学学报(地球科学版),2015(增刊1):461.

[115] SODA S O, YAMAMURA S, ZHOU H, et al. Reduction kinetics of As(V) to As(III) by a dissimilatory arsenate-reducing bacterium, Bacillus sp. SF-1 [J]. Biotechnology and Bioengineering, 2010, 93(4): 812-815.

[116] 王年,鲁小璐,邬梦晓俊,等.微生物氧化As(III)和Sb(III)的研究进展[J].微生物学通报,2017,44(3):689-700.

[117] BERNER R A. A new geochemical classification of sedimentary environments [J]. Journal of Research, 1981, 51: 359-365.

[118] SULLIVAN K A, ALLER R C. Diagenetic cycling of arsenic in Amazon shelf sediments [J]. Geochim Et Cosmochim Acta, 1996, 60(9): 1465-1477.

[119] MANNING B A, GOLDBERG S. Modeling competitive adsorption of arse-

nate with phosphate and molybdate on oxide minerals [J]. Soil Science Society of America Journal, 1996, 60 (1): 121-131.

[120] BRANNON J M, PATRICK W H. Fixation, transformation, and mobilization of arsenic in sediments [J]. Environmental Science and Technology, 1987, 21 (5): 450-459.

[121] GOLDBERG S, GLAUBIG R A. Anion sorption on a calcareous, montmorillonitic soil-arsenic [J]. Soil Science Society of America Journal, 1988, 52 (5): 1297-1300.

[122] SHARMA V K, SOHN M. Aquatic arsenic: toxicity, speciation, transformations, and remediation [J]. Enviroment International, 2009, 35 (4): 743-759.

[123] WANG S L, MULLIGAN C N. Effect of natural organic matter on arsenic release from soils and sediments into groundwater [J]. Enviromental Geochemistry and Health, 2006, 28 (3): 197-214.

[124] HASEGAWA H, RAHMAN M A, KITAHARA K, et al. Seasonal changes of arsenic speciation in lake waters in relation to eutrophication [J]. Science of the Total Environment, 2010, 408 (7): 1684-1690.

[125] RAHMAN M A, HASEGAWA H. Arsenic in freshwater systems: influence of eutrophication on occurrence, distribution, speciation, and bioaccumulation [J]. Appiled Geochemistry, 2012, 27 (1): 304-314.

[126] 李孝军, 唐行忠. 水产品中砷污染的风险评估 [J]. 现代农业科学, 2009 (3): 149-151.

[127] YU G H, ZHANG L, He S Y, et al. The total arsenic concentrations of aquatic products and the assessment of arsenic intake from aquaticproducts in Guangzhou, China [J]. Advance Journal of Food Science and Technology, 2015, 8 (9): 673-677.

[128] LI J X, SUN C J, ZHENG L, et al. Determination of trace metals and analysis of arsenic species in tropical marine fishes from Spratly islands [J]. Marine Pollution Bulletin, 2017, 122 (1/2): 464-469.

[129] CHÁVEZCAPILLA T, BESHAI M, MAHER W, et al. Bioaccessibility and degradation of naturally occurring arsenic species from food in the human gastrointestinal tract [J]. Food Chemistry, 2016, 212: 189-197.

[130] JIA X Y, GONG D R, WANG J N, et al. Arsenic speciation in environmen-

tal waters by a new specific phosphine modified polymer microsphere preconcentration and HPLC-ICP-MS determination [J]. Talanta, 2016, 160: 437-443.

[131] 黄永炳, 王丽丽, 李晓娟, 等. 砷形态转化及其环境效应研究 [J]. 环境污染与防治, 2013, 35 (1): 16-19.

[132] WHO. Arsenic and arsenic compounds, environmental health criteria. 1998, 224, 2nd edn, Geneva.

[133] ZHU M L, ZENG X C, JIANG Y X, et al. Determination of arsenic speciation and the possible source of methylated arsenic in Panax Notoginseng [J]. Chemosphere, 2017, 168: 1677-1683.

[134] STYBLO M, DEL RAZO L M, VEGA L, et al. Comparative toxicity of trivalent and pentavalent inorganic and methylated arsenicals in rat and human cells [J]. Archives of Toxicology, 2000, 74 (6): 289-299.

[135] SILVER S, PHUNG L T. A bacterial view of the periodic table: genes and proteins for toxic inorganic ions [J]. Journal of Industrial Microbiology and Biotechnology, 2005, 32 (11/12): 587-605.

[136] 戴文津, 杨小满, 陈华, 等. 水产品中砷的质量控制研究进展 [J]. 广东农业科学, 2010, 37 (11): 263-266.

[137] 张文德. 海产品中砷的形态分析现状 [J]. 中国食品卫生杂志, 2007, 19 (4): 345-350.

[138] FRANCESCONI K A, EDMONDS J S. Arsenic and marine organisms [J]. Advances in Inorganic Chemistry, 1996, 44 (1): 147-189.

[139] 代丽. 高效液相色谱-原子荧光法在动物源性食品砷形态分析中的应用 [D]. 天津: 天津大学, 2012.

[140] 张海珍, 闫爱博, 张坤. 水产品中砷形态分析研究进展 [J]. 现代农业科技, 2014 (18): 271-272.

[141] 王德良, 孙笑川. 鱼类富集重金属的效应研究进展 [C]. 中国南方渔业论坛暨学术会议, 2014.

[142] 丁为群, 刘迪秋, 葛锋, 等. 鱼类对重金属胁迫的分子反应机理 [J]. 生物学杂志, 2012, 29 (2): 84-87.

[143] 赵艳芳, 尚德荣, 宁劲松, 等. 水产品中不同形态砷化合物的毒性研究进展 [J]. 海洋科学, 2009 (9): 92-96.

[144] TAMAKI S, JR W T F. Environmental biochemistry of arsenic [J]. Reviews

[145] RICHARD G H, JOHN H C, JEANNIE S B. The relationship of trophic level to arsenic burden in fish of a southern great plains lake [J]. Journal of Freshwater Ecology, 1981, 1 (1): 121-127.

[146] PEDLAR R M, PTASHYNSKI M D, WAUTIER K G, et al. The accumulation, distribution, and toxicological effects of dietary arsenic exposure in lake whitefish (Coregonus clupeaformis) and lake trout (Salvelinus namaycush) [J]. Comparative Biochemistry and Physiology Part C: Toxicology and Pharmacology, 2002, 131 (1): 73-91.

[147] SUHENDRAYATNA, OHKI A, NAKAJIMA T, et al. Studies on the accumulation and transformation of arsenic in freshwater organisms II. Accumulation and transformation of arsenic compounds by Tilapia mossambica [J]. Chemosphere, 2002, 46 (2): 325-331.

[148] 罗国钧. 鲫鱼体内重金属的分布和积累规律研究 [J]. 渝州大学学报（自然科学版）, 2000, 17 (1): 56-61.

[149] 姚刚. 鄱阳湖水生生物中痕量元素砷硒汞的环境和生物效应研究 [D]. 成都: 成都理工大学, 2006.

[150] 郭金玲. 渤海湾（天津段）海水和鱼样品中砷形态分析及其转化规律的研究 [D]. 天津: 天津科技大学, 2016.

[151] 孟昭宇. 水产品中不同价态砷的安全性研究 [D]. 青岛: 中国海洋大学, 2005.

第2章 沱江流域概况

2.1 沱江流域自然地理信息

沱江又名外江、中江,是长江左岸流域全部在四川境内的一级支流,长江五大支流之一。沱江流域在四川盆地东部,是唯一的"非封闭型"流域。"沱"意为"岷山导江,东别为沱",又说取其水深之意而得名。沱江的发源地,是四川盆地西北缘的九顶山,又名茶坪山。这座山里的东、中、西三处分别流出许多溪流,逐渐汇成三条较大的支流:西边一条前江,长139 km;中间一条石亭江,长141 km,东边一条绵远河,长180 km,它们汇合在金堂赵镇附近,才正式成为沱江干流。因为绵远河最长,所以现在把它定为沱江的正源,另外两条上源支流就算旁支。此外有从岷江内江引水分出的柏条河和青白江,于金堂流入沱江。故沱江又与岷江共称为"双生"河流。金堂以上为上游,流经成都平原地区。金堂以下河流切穿龙泉山,形成长10多km的金堂峡后,始称沱江。简阳、资阳、资中为中游段,蜿蜒于盆地丘陵之中,曲流发育,滩沱相间,但江面宽阔,可航行机动船。资中以下为下游,再向南流经内江、富顺等市县,于沪州注入长江。沱江全长629 km,流域面积2.79万 km^2,水力资源153万 kW。沱江流域森林覆被率仅为5.1%,为四川各河中最低者,水土流失严重,干旱明显。沱江支流众多,与干流构成树枝状水系,主要支流有石亭江、湔江、绛溪河、资水河、球溪河、大清河、釜溪河、濑溪河等。

沱江流域属中亚热带温湿季风气候区,冬暖夏热,降水量适中,年平均气温17.5 ℃,年平均降水量达到1020 mm,但降雨时空分布不均匀,其中上游山区为1200~1700 mm,成都平原地区为850~1100 mm,中下游丘陵区为800~1150 mm。降水量集中在6至9月,占年总量的63.5%~74.3%。流域内除了北段出露部分为古代老地层,中下游为第四系砂、卵、砾石及砂壤土层,岩层主要为黏土岩、砂质黏土岩及砂页岩互层等,地质构造相对简单,水系较为发达。河道在河流长期的下切侵蚀和侧向侵蚀下,变得蜿蜒曲折,是一条典型的曲流[1]。

沱江属非闭合流域，径流主要来源于降水，其次是从都江堰灌溉渠引来的岷江水。据金堂三皇庙水文站实测分析，沱江上游多年平均径流量为78.2亿m^3，占全流域水量的52.4%，其中岷江年平均来水量为26.1亿m^3。三皇庙水文站以下中下游，多年平均径流量为71.1亿m^3，占全流域水量的47.6%。全流域河川径流量为149.3亿m^3。流域内径流年内分配极不均匀。汛期6月至10月水量占全年的80%以上，而枯期12月至次年5月水量仅占全年的13%~17%，尤以2月至4月为最枯，水量仅占全年的2.5%~4.0%。

2.2 沱江流域社会经济状况

沱江流域作为长江上游生态屏障建设的重点区域和四川经济发展的重要区域，流域内人口众多，经济发达，是四川农业区域和工业城市最集中的河流。其北部上游是山区，出山就是平原，然后进入丘陵。地势自西北向东南倾斜，地质构造简单，溪流水系发育，流域内气候宜人，土地肥沃，耕地集中，人烟稠密，名城接踵，重镇连绵。流域内有成都、简阳、德阳、内江、自贡、泸州等大中城市，还有大中型工厂多达千余座。整个流域中生活着1740万人，有着1694万亩耕地。在天然资源利用方面，农、林、牧、副、渔五业齐全；在农业种植方面，稻、薯、麦、棉、麻、蔗、玉米、花生种类俱全。金堂的柑桔、简阳的棉花、什邡的烤烟、资阳的花生、内江的甘蔗、安顺的红麻、乐至的蚕桑，无论是品质还是产量都十分引人注目。

流域内交通运输业和现代化工业发展良好，现代化交通网分布密集，流域经过的成都已成为以电子和机械化生产为主的现代化大都市，并成为全国四大电子信息产业基地之一。沱江流域内拥有冶金、煤炭、机械、化学、化肥、电力（火电厂）、纺织、制糖、酿酒等轻重工业。国内规模最大、等级最高的重型机器制造厂设在德阳，规模最大的起重机、挖掘机厂设在泸州，流域内的东方电机厂、东方汽轮机厂、东方锅炉厂这"三东"，是西部能源的支柱。简阳还有空气压缩机厂和空气分离设备厂。自贡市已经成为四川的化学工业基地，最著名的大厂有鸿鹤镇化工总厂、张家坝制盐化工厂等。泸州市是一个化工城，因为那里有得天独厚的天然气矿，使天然气化学工业插上双翅。此外，还有自贡硬质合金厂、简阳农机制造厂、资中银山磷肥厂。化学、化肥、制糖、酿酒等工业及生活废水的排放，使沱江干流及釜溪河成为四川省受污染最严重的河流，目前亦无Ⅲ类地面水可言。

流域内矿产资源分布广阔，储量丰富。现已探明和开采的矿产资源有煤、铁、磷、盐、天然气、铜、石墨等，还有闻名全国的自贡井盐，可为发展地方工业提供丰富资源。上游流经的城市金堂县矿产资源主要为铜矿，且以氧化铜矿石为主。中游流经的城市简阳市主要矿产资源为页岩，分布于全景；建筑用砂，分布于沱江流域。

2.3 沱江面临的严峻环境问题

随着工业和农业的迅猛发展，人口的迅速增加，沱江所面临的严峻的环境问题，主要体现为水资源的匮乏、水环境质量的下降。

沱江的用水量与日俱增，沱江自古以来那种水量丰沛的形象渐渐淡化，除了洪水期以外，水资源渐渐捉襟见肘。据2004年官方的水资源公报显示，流域内降水量比常年减少5.1%，地表径流量减少3.9%，水资源总量减少3.8%，到2006年更是减少了4~6成，虽然输入水量较往年略有增加，但出境水量却大大减少。沿江城市人均占有量低于400 m^3的有自贡、遂宁、内江、资阳，属水资源严重缺乏地区。

沱江现在已经面临着严重的污染问题，沿岸城市大量的生活垃圾及生活污水的排放，工业废水倾入江中，使沱江的水质污染日趋严重。输入河中的氮磷不断增加，水质迅速恶化，局部江水发黑发臭，水体富营养化日趋严重，破坏了河流的生态系统平衡，影响了水资源的利用。《长江保护与发展报告2007》指出，沱江作为长江支流污染严重，干流超过40%的省界断面水体劣于Ⅲ类水标准。沱江在四川省内河流中水质也是最差的，整体污染严重，大部分河段水质达到或超过地表水环境质量Ⅴ类水标准，如沱江的三皇庙段、登瀛岩段、内江段，全年水质氨氮超标倍数分别为7.9、2.1、0.2；沱江釜溪河的自贡段污染更为严重，超标物质及超标倍数分别为氨氮（14.5）、氟化物（0.1）、总磷（1.6）、高锰酸盐指数（0.3）。据沱江多年水质监测资料分析显示，沱江干流三皇庙至内江段常年水质总体较差，主要污染物为氨氮。枯水期（12月至次年5月）的水质较平水期和丰水期差，最大超标倍数多出现在枯水期的1月至3月。

除此之外，突发的工业污染事故也层出不穷。2004年2月，发生在四川沱江的特大水污染事故，给沱江流域的生态系统及沿岸的水体环境造成了直接和潜在的危害[2]，导致江中鱼类大量死亡，江水发黑发臭，沿江100多万人的生活用水被迫中断，不仅造成3亿多元损失，而且对长江流域生态的长远影响更是难以估计。在这种情况下，沱江的生物资源遭到极大破坏，鱼的数量和种类大大减少，往日的顺江南下渔业已经几乎绝迹，取而代之的是沿江的打沙作业船和成堆的鹅卵石。现在的沱江正处于一个大病后缓慢恢复的过程，虽然四川省政府出台了"引岷济沱"政策和沿岸企业减排限排措施，但是流域的生态环境还面临着很多严峻的问题，切实治理沱江已刻不容缓。

2.4 参考文献

[1] 周露怡. 沱江成都出境断面"金堂县五凤"水质模拟研究[D]. 成都：西南交通大学，2013.

[2] 周祖冰. 沱江流域水资源可持续利用的思考[J]. 中国防汛抗旱，2006（1）：48-50.

第3章 研究方法

3.1 实验研究区域及其采样点的布设

如前所述,长江五大支流之一的沱江,位于四川盆地的东部,上承绵远河和岷江支流的河水,蜿蜒向南,流经四川重要的农业和工业区,中下游支流众多,在工矿企业和城市的影响下,对沱江的生态环境造成了很大的破坏。

为了使样品具有代表性,经考察,分别于2007年1月与2017年1月在选定的两处采样点(沱江金堂段:E 104°31′24.35″, N 30°43′51.97″, 海拔432 m;沱江简阳段:E 104°32′41.16″, N 30°24′06.85″, 海拔405 m)进行采样。

3.2 样品采集及处理

3.2.1 沉积物柱芯的采集

采样器预先在实验室用1%硝酸浸泡3 d,后用蒸馏水洗净,再用保鲜膜紧裹,采样时取出。

将采样器缓缓插入沉积物中,使得柱体长度为20 cm左右,稳定后尽可能地缓缓取出,保证上覆水不混浊,沉积物-水界面较为清晰。上覆水样立即装入预先洗净的250 mL聚氯乙烯瓶中,沉积物样随即从下往上间隔1 cm分取样品,放置于洁净保鲜膜上,除去大块的砂砾和植物残根,采用四分法取样装入瓶中,拧紧瓶盖立即装入事先放入冰块的整理箱中保存,运回实验室后,立即将样品放入冰箱(−20 ℃)冷冻保存,尽可能短时间内完成样品的分析工作。

3.2.2 间隙水的采集

本实验所用的沉积物间隙水样品均为冷冻离心法采集:称取约60 g沉积物

样品，在4℃下冷冻离心后，用0.45 μm醋酸纤维酯微孔滤膜后，根据水样的体积加入一定量的盐酸进行酸化，使间隙水样品中的pH值小于2，最后将间隙水样品冷冻保存，尽快完成实验室分析工作。

3.2.3 生物样品的采集及前处理

3.2.3.1 采集方法

生物样品于2017年4月在选取的沱江金堂段（E 104°31′24.35″，N 30°43′51.97″，海拔432 m）河水中，由当地的渔民在采样点区域内随机撒网捕捞，选取约1000 g的鱼样，记录鱼样种类、体重等信息，然后存于清洁的封口袋中，运回实验室。海产品取自天津渤海海湾，同样选取约1000 g的鱼样，记录鱼样种类、体重等信息，然后存于清洁的封口袋中，运回实验室。

3.2.3.2 前处理方法

将采集的鱼体用去离子水洗涤干净，将其放在洁净的实验工作台上，刮去鱼鳞，并再次用去离子水清洗，然后将鱼分解：①用干净的解剖刀切开胸鳍，切除鱼体的头部和尾部，取出鱼的肝脏，放在干净的碾磨中捣碎，混匀，装入洁净的样品袋中备用；②将鱼皮剥离鱼肉，然后将鱼肉中的鱼刺一一剔除，再将鱼肉放在干净的碾磨中捣碎，混匀，装入洁净的样品袋中备用；③将剥离的鱼皮用超纯水清洗干净，用干净的剪刀将鱼皮剪碎，放入洁净的样品袋中备用。将准备好的鱼的肝脏、鱼肉以及鱼皮等放入真空冷冻干燥机，在-40℃下冷冻干燥后，碾磨并过200目筛备用。

3.3 生物样品中砷形态的HPLC-ICP-MS分析方法研究

3.3.1 HPLC-ICP-MS仪器条件

3.3.1.1 色谱柱选择

以1.25 mmol/L Na_2HPO_4 + 11 mmol/L KH_2PO_4作为流动相A，以2.5 mmol/L Na_2HPO_4 + 22 mmol/L KH_2PO_4作为流动相B时，对20 μg/L砷混标溶液进行梯度洗脱（洗脱条件见表3-1），结果见图3-1。

表 3-1 流动相梯度洗脱条件

时间 / min	流速 / (mL·min^{-1})	A相	B相
0	0.6	100%	0
4.3	0.6	100%	0
4.6	1	100%	0
4.9	1.5	100%	0
5.3	1.5	0	100%
12	1.5	0	100%

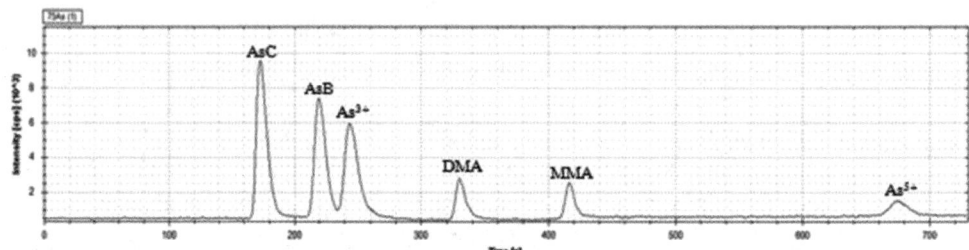

图 3-1 采用 PRP-X100 色谱柱以 1.25 mmol/L Na$_2$HPO$_4$ + 11 mmol/L KH$_2$PO$_4$ 和 2.5 mmol/L Na$_2$HPO$_4$ + 22 mmol/L KH$_2$PO$_4$ 为流动相进行梯度洗脱时砷形态色谱图

由图 3-1 可见，采用 Hamilton PRP-X100 色谱柱，以 1.25 mmol/L Na$_2$HPO$_4$ + 11 mmol/L KH$_2$PO$_4$ 作为流动相 A，以 2.5 mmol/L Na$_2$HPO$_4$ + 22 mmol/L KH$_2$PO$_4$ 作为流动相 B 进行梯度洗脱，可实现 6 种砷形态的分离，且分离时间适中。

3.3.1.2 色谱分离条件

根据上述系列条件实验，用 PRP-X100 色谱柱分离 As（Ⅲ）、As（Ⅴ）、MMA、DMA、AsB、AsC 6 种砷形态，并采用 ICP-MS 进行检测的仪器条件如表 3-2 所示。

表 3-2 HPLC-ICP-MS 仪器操作条件

系统	项目	参数值
ICP-MS 系统	射频功率 / W	1550
	雾化器流量 / (L·min^{-1})	1.0150
	辅助气流量 / (L·min^{-1})	0.80

表 3-2（续）

系统	项目	参数值
	等离子体流量 / (L·min^{-1})	14.0
	采样深度 / mm	5.0
	碰撞气流 / (mL·min^{-1})	He/4.09
	同位素监测	^{75}As
	停留时间 / mm	100
HPLC 系统	色谱柱	Hamilton PRP-X100（4.1 mm × 250 mm, 10 μm）
	流动相	Na_2HPO_4 和 KH_2PO_4
	柱温	室温

3.3.2 标准曲线测定

3.3.2.1 砷混和标准溶液色谱图

采用表 3-1 和表 3-2 中的条件，分别测定浓度为 1，5，10，20，50，100 μg/L 的砷混合标准溶液，其色谱图如图 3-2 至图 3-7 所示。

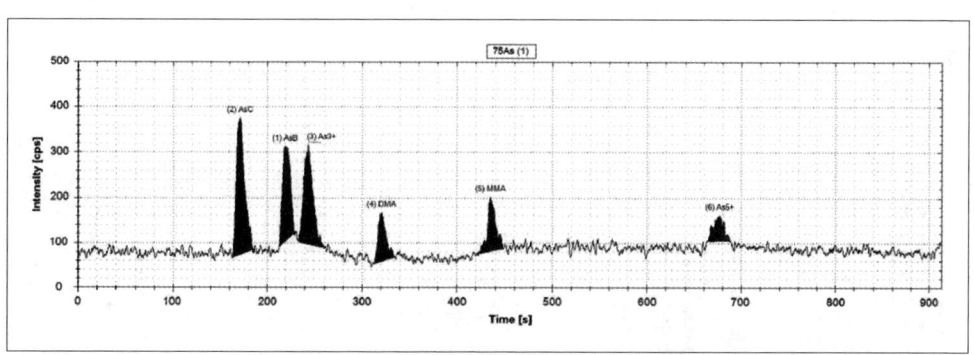

图 3-2　1 μg/L 砷形态混和标准溶液色谱图

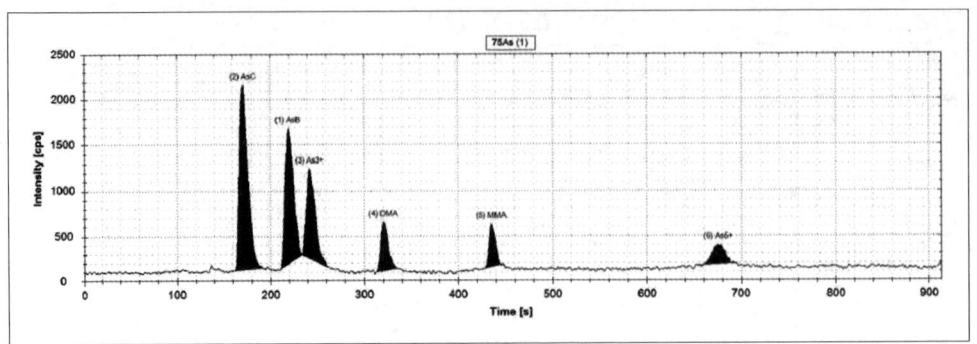

图3-3　5 μg/L砷形态混和标准溶液色谱图

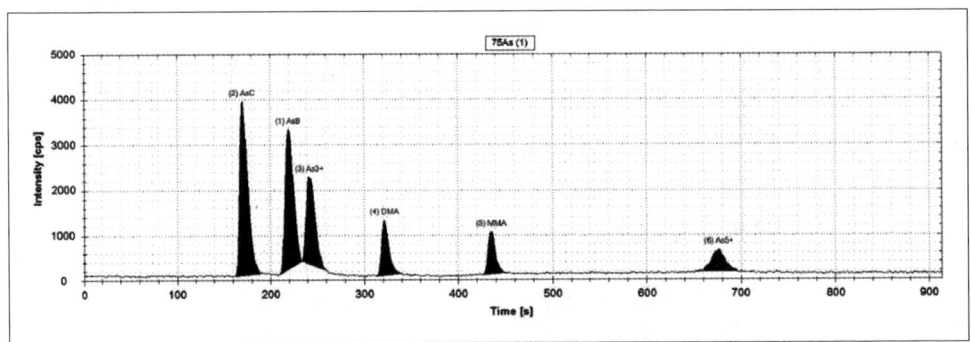

图3-4　10 μg/L砷形态混和标准溶液色谱图

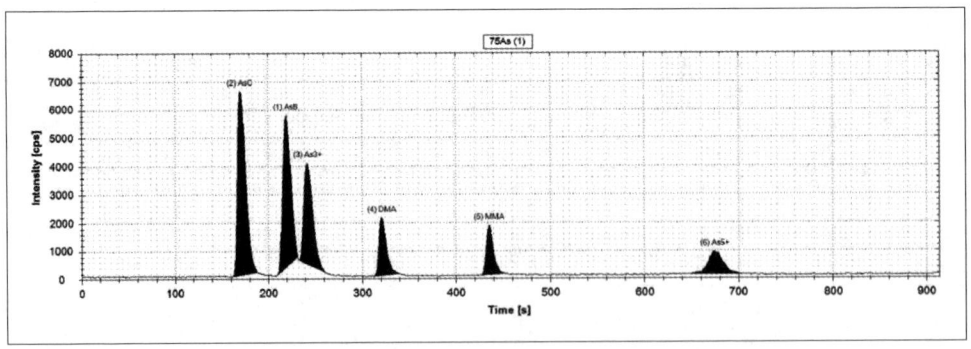

图3-5　20 μg/L砷形态混和标准溶液色谱图

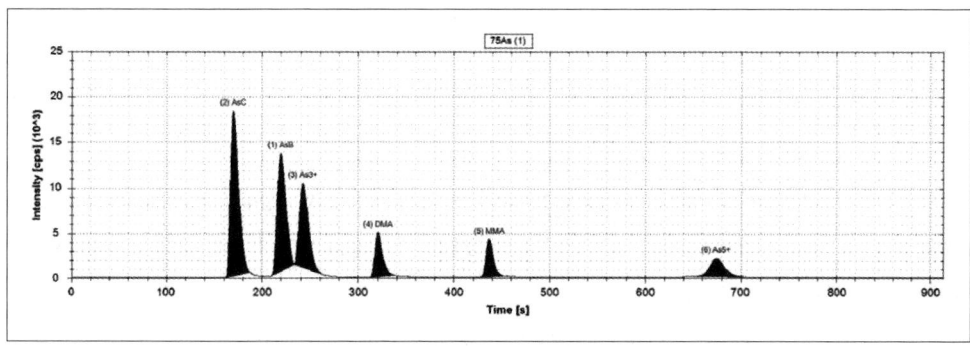

图3-6　50 μg/L砷形态混和标准溶液色谱图

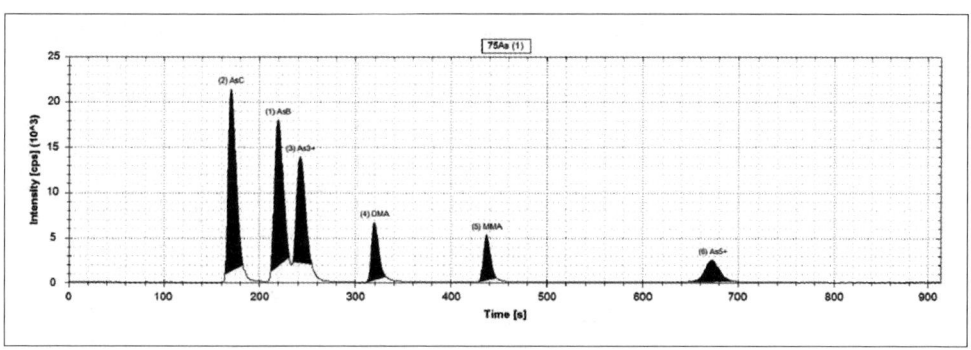

图3-7　100 μg/L砷形态混和标准溶液色谱图

3.3.2.2　砷混合标准溶液工作曲线

基于图3-2至图3-7中的结果，分别将6种砷形态的浓度与对应的峰积分面积作图，拟合得到的线性方程及相关系数见表3-3。由表可知，6种砷形态在所测浓度范围内峰面积与各个砷形态的含量线性关系良好，相关系数均大于等于0.9999。

表3-3　HPLC-ICP-MS测定砷形态标准曲线方程及相关系数

砷形态	线性方程	r
AsB	$y = 1537.48925 x + 519.2745$	1.0000
AsC	$y = 1778.3034 x + 910.2852$	0.9999
As（Ⅲ）	$y = 1117.9174 x - 159.7986$	1.0000
DMA	$y = 494.08605 x + 322.148$	1.0000
MMA	$y = 382.72325 x + 414.34455$	1.0000
As（Ⅴ）	$y = 409.59695 x - 280.8849$	1.0000

3.3.3 方法精密度

为确定仪器对砷形态分析结果的重现性，用 HPLC-ICP-MS 分别对浓度为 20 μg/L 的砷混合标准溶液重复测定 4 次，并以峰面积计算其相对标准偏差，结果见表3-4。由表可知，20 μg/L 各砷形态的测定结果重现性较好，相对标准偏差在 2.26% ~ 3.68%。

表3-4 HPLC-ICP-MS 测定砷形态精密度结果

砷形态	检测结果 /(μg·L^{-1})	精密度（RSD）	砷形态	检测结果 /(μg·L^{-1})	精密度（RSD）
AsB	20.48	3.68%	AsC	20.03	3.04%
	19.23			19.48	
	20.73			20.64	
	19.49			19.30	
As（Ⅲ）	19.51	3.19%	DMA	20.06	3.02%
	18.58			18.69	
	20.00			19.70	
	19.01			19.66	
MMA	19.68	3.36%	As（Ⅴ）	17.91	2.26%
	20.23			17.47	
	20.96			18.30	
	19.44			18.55	

3.3.4 方法检出限

测定最小浓度的标准溶液 10 次，根据检出限计算公式 $DL = 3SD/K$，得到 AsB、AsC、As（Ⅲ）、DMA、MMA、As（Ⅴ）的检出限如表3-5所示。由表可知，各砷形态的检出限分别为 0.010、0.050、0.110、0.280、0.200、0.350 ng/L。

表3–5 HPLC-ICP-MS测定砷形态检出限

砷形态	最小浓度平均值 / ($\mu g \cdot L^{-1}$)	方法检出限 / ($ng \cdot L^{-1}$)
AsB	0.94	0.010
AsC	1.15	0.050
As（Ⅲ）	1.32	0.110
DMA	1.30	0.280
MMA	1.27	0.200
As（Ⅴ）	2.40	0.350

3.3.5 方法回收率

为验证方法的可靠性，在浓度为20 μg/L的砷混合标准溶液中加入30 μg/L砷混合标准使用液，并在相同的仪器条件下进行加标回收实验（重复3次），按照"回收率=（加标试样测定值－试样测定值）/加标量"进行计算，结果见表3-6。由表可知，各砷形态的加标回收率大多在95%～110%，满足定量分析要求。

表3–6 HPLC-ICP-MS测定砷形态回收率

砷形态	本底值 / ($\mu g \cdot L^{-1}$)	加标量 / ($\mu g \cdot L^{-1}$)	测定浓度 / ($\mu g \cdot L^{-1}$)	回收率
AsB	20	30	49.48	96.7%
			45.62	88.0%
			49.28	91.0%
AsC	20	30	49.4	97.9%
			47.9	94.6%
			51.5	101.5%
As（Ⅲ）	20	30	48.1	95.2%
			44.6	86.9%
			48.1	95.1%

表 3-6（续）

砷形态	本底值 / (μg·L^{-1})	加标量 / (μg·L^{-1})	测定浓度 / (μg·L^{-1})	回收率
DMA	20	30	48.4	94.3%
			47.8	96.9%
			48.1	93.4%
MMA	20	30	48.7	96.8%
			51.3	103.5%
			50.8	105.5%
As（V）	20	30	47.7	99.2%
			50.1	108.8%
			49.4	97.2%

3.3.6 小 结

本节通过对 As-7 和 PRP-X100 色谱柱分离 As（Ⅲ）、As（Ⅴ）、MMA、DMA、AsB 和 AsC 6 种砷形态的详细研究，建立了 PRP-X100 分离与 ICP-MS 联用的测定生物样品中不同砷形态的方法，该方法对不同砷形态测定的相对标准偏差在 2.26%～3.68%，检出限为 0.010～0.350 ng/L，回收率大多在 95%～110%，满足微痕量组分定量分析要求。

3.4 水环境中氮、磷、砷、硫、铁、锰形态等分析方法

3.4.1 氮形态的分析方法

参照张蓉[1]对水体中氮形态的提取及分析方法完成本实验氮形态的测定。

3.4.1.1 上覆水和间隙水中氮形态分析方法

（1）NH_4^+-N 测定：采用纳氏试剂光度法[2]测定。

（2）NO_2^--N 测定：采用 N-（1-萘基）乙二胺光度法[2]测定。

(3) NO_3^--N 和 TON 测定：均用紫外分光光度法[2]测定。

(4) DON 为 TON 与 NH_4^+-N、NO_3^--N、NO_2^--N 之和的差值。

3.4.1.2 沉积物中氮形态分析方法

（1）可交换态 NH_4^+-N：参照 Mackin 等[3]应用的沉积物中吸附态氨氮的提取方法，在 1 g 左右的沉积物中加入 2 mol/L 的 KCl 溶液 10 mL，振荡器中振荡 1 h（250 r/min）后，经 0.45 μm 微孔滤膜过滤后，按照《中华人民共和国国家环境保护标准》（HJ 636—2012），采用纳氏试剂分光光度法测定提取液中氨氮含量。氨氮含量按沉积物干样计算。

（2）总氮（total nitrogen，TN）：参照 Smart 等[4]建立的沉积物中总氮的提取方法，利用碱性过硫酸钾在高温（120 ℃）下将沉积物中氮形态蒸馏消解为硝酸盐，按照《中华人民共和国国家环境保护标准》（HJ 636—2012），用紫外分光光度法测定消解液中硝酸盐含量。总氮含量按沉积物干样计算。

（3）有机氮（organic nitrogen，ON）：由总氮和可交换态氨氮差减得到。

3.4.2 磷形态的分析方法

3.4.2.1 上覆水和间隙水中磷形态分析方法

参照徐青[5]对水体中磷形态的提取及分析方法完成本实验磷形态的测定。参照 Neal 等[6]对水体中磷形态的分类，将上覆水及间隙水中的磷分为 SRP、TDP 两种形态进行测定；本实验采用国家标准《海洋监测规范 第 4 部分：海水分析》（GB 17378.4—2007）磷钼蓝分光光度法[7]测定磷含量。

3.4.2.2 沉积物中磷形态分析方法

（1）参照朱广伟等[8]对沉积物中磷的提取方法的改进，对沱江沉积物样品中的各无机磷形态进行提取，提取步骤如下。

① 称取 0.5 g 沉积物原样于离心管中，加入 30 mL 1 mol/L $MgCl_2$ 溶液，将离心管置入振荡器中以 250 r/min 振荡 2 h，然后在 6000 r/min 下冷冻离心 0.5 h，离心后用 0.45 μm 的微孔滤膜过滤，滤液用于 Exc-P 的测定，残渣用于下一步的提取。

② 在残渣中加入 30 mL 1 mol/L NH_4F 溶液，以 250 r/min 振荡 1 h，再以 6000 r/min 冷冻离心 0.5 h，过滤，滤液用于 Al-P 的测定，残渣用于下一步的提取。

③ 在残渣中加入 30 mL 1 mol/L NaOH 和 0.5 mol/L Na_2CO_3 混合溶液，以 250 r/min 振荡 4 h，再以 6000 r/min 冷冻离心 0.5 h，过滤，滤液用于 Fe-P 的测定，残渣用于下一步的提取。

④ 在残渣中加入 30 mL 0.25 mol/L H_2SO_4 溶液，以 250 r/min 振荡 4 h，再以 6000 r/min 冷冻离心 0.5 h，过滤，滤液用于 Ca-P 的测定。

其提取流程图见图 3-8。

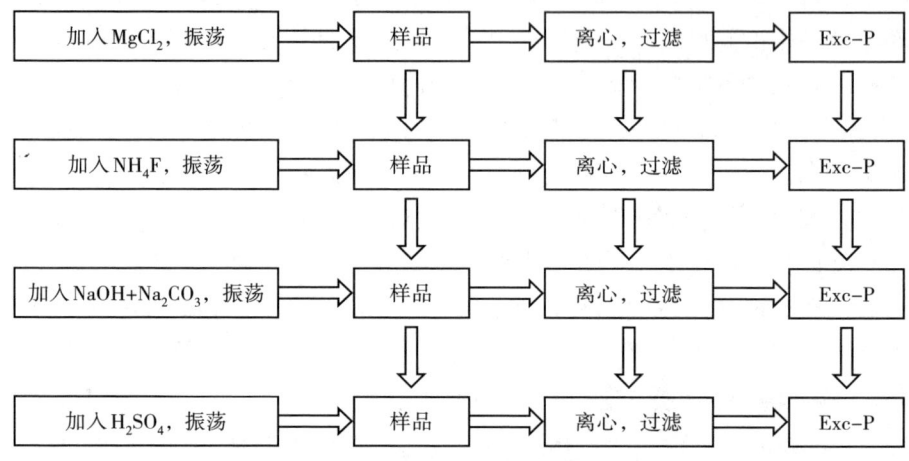

图 3-8 沉积物中无机磷的连续提取流程图

（2）参照欧盟的 SMT 法[9]，对沱江沉积物中的总无机磷（TIP）、总有机磷（TOP）以及总磷（TP）进行提取测定，提取步骤如下。

① 总无机磷（TIP）提取方法：称取 0.5 g 沉积物样品于离心管中，加入 1 mol/L HCl，置入振荡器中振荡 16 h，然后在 6000 r/min 下冷冻离心，离心后用 0.45 μm 的微孔滤膜过滤，滤液用于 TIP 的测定，残渣用于下一步 TOP 的测定。

② 总有机磷（TOP）提取方法：将上一步的残渣用 12 mL 蒸馏水洗涤 2 次，在 450 ℃ 下灰化 3 h，加入 1 mol/L HCl，置入振荡器中振荡 16 h，然后在 6000 r/min 下冷冻离心，离心后用 0.45 μm 的微孔滤膜过滤，滤液用于 TOP 的测定。

③ 总磷（TP）提取方法：称取 0.5 g 沉积物样品，在 450 ℃ 条件下灼烧 3 h，冷却后加入 3.5 mol/L HCl，置入振荡器中振荡 16 h，然后在 6000 r/min 下冷冻离心，离心后用 0.45 μm 的微孔滤膜过滤，滤液用于 TP 的测定。

④ 难提取磷（Res-P）由 TP 与 TIP、TOP 差减而得。

3.4.3　砷形态的分析方法

3.4.3.1　间隙水和上覆水中砷形态分析方法

（1）As（Ⅲ）测定：取间隙水 2.5 mL 至 5.0 mL 带盖的聚乙烯管中，加入 197.0 μL 1% 8-羟基喹啉掩蔽剂、749.0 μL 50% 的 HCl，密封摇匀，放置 20 min 后用 HG-AFS 在表 3-7 的仪器条件下测定样品中砷的含量。

（2）As（Ⅴ）测定：取间隙水 2.5 mL 至 5.0 mL 带盖的聚乙烯管中，加入 167.0 μL 50% KI 溶液将 As（Ⅴ）还原为 As（Ⅲ），再加入 208.0 μL 1% 8-羟基喹啉掩蔽剂、794.0 μL 50% 的 HCl，密封摇匀，放置 20 min 后用 HG-AFS 完成样品中总无机砷 As（Inorg）的测定。As（Inorg）与 As（Ⅲ）的差值即为 As（Ⅴ）的含量。

（3）总砷 TAs 测定：水体中的总砷用 TAs 表示。取 6 mL 间隙水加入 375.0 μL 50% HNO_3，振荡摇匀后放入微波炉中，梯度升温（低温 1 min、高温 1 min）消解样品，冷却至室温后，取 2.5 mL 至 5.0 mL 带盖聚乙烯管中，加入 167.0 μL 50% KI 溶液作还原剂，再依次加入 208.0 μL 1% 8-羟基喹啉掩蔽剂、794.0 μL 50% 的 HCl，振荡摇匀，放置 20 min 后用 HG-AFS 测定样品中总砷的含量。有机砷 As（Org）的含量为 TAs 与 As（Inorg）的差值。

表 3-7　HG-AFS 测砷工作条件

仪器参数	测定元素 As
灯电流 / mA	60
负高压 / V	270
原子化器温度 / ℃	200
原子化器高度 / mm	8
载气（氩气）流量 / (mL·min^{-1})	300
屏蔽气流量 / (mL·min^{-1})	800
硼氢化钾	2.5%
载流液，HCl /% (v/v)	5

3.4.3.2 沉积物中砷形态分析方法

（1）沉积物中砷形态的提取方法。

本研究选用北美湖泊重金属研究中经常采用的三态提取法[10]将沉积物中砷分为铁锰氧化物结合态、有机结合态和硫化物结合态三种。

① 铁锰氧化物结合态：称取离心后沉积物样品约 1 g 于 50 mL 离心管中，加入 20.0 mL 0.2 mol/L 的 $H_2C_2O_4$ [用 0.2 mol/L 的 $(NH_4)_2C_2O_4$ 调节其 pH 值为 2]，在室温下以 200 r/min 振荡 8 h 后，用 0.45 μm 微孔滤膜过滤提取液，向滤液中加入 500 μL 50% HNO_3 并定容至 40 mL，用以测定铁锰结合态砷、铁、锰等元素含量的测定，并分别表示为 As-oxal、Fe-oxal 及 Mn-oxal。

② 有机结合态：在上一步装有残渣的离心管中加入 10 mL 30% H_2O_2（用 0.02 mol/L 的 HNO_3 调节 pH 值为 2）及 6.0 mL 0.02 mol/L 的 HNO_3，在 85 ℃下以 100 r/min 振荡 5 h 后冷却至室温，再加入 5.0 mL 3.2 mol/L CH_3COONH_4 溶液，在室温下振荡 30 min 后，用 0.45 μm 微孔滤膜过滤，向滤液中加入 500 μL 50% HNO_3 并定容至 31 mL，用以测定有机结合态砷、铁、锰等元素含量的测定，并分别表示为 As-H_2O_2、Fe-H_2O_2 及 Mn-H_2O_2。

③ 硫化物结合态：将已经测定过含水率的沉积物干样，在玛瑙研磨中磨细，过 200 目筛备用。称取约 0.25 g 研磨好的粉末样品，置于聚四氟乙烯消解罐中，加入 6.00 mL 浓 HNO_3、2.00 mL 浓 HCl，拧紧瓶盖，振荡摇匀，放入微波炉中梯度升温（依次为低温 1 min、中高温 2 min、高温 2 min、静置 2 min、高温 2 min、中高温 2 min、低温 1 min）消解样品，冷却至室温后，取出消解罐，打开瓶盖并加入 10.00 mL 蒸馏水，再次拧紧瓶盖振荡摇匀，放置 10 min 后，用 0.45 μm 的醋酸纤维膜过滤，用 5.00 mL 蒸馏水冲洗消解罐和滤纸至少 3 次。用蒸馏水定容至 50 mL，摇匀放置，以供沉积物中总砷、总铁和总锰的测定，并分别表示为 As-total、Fe-total 和 Mn-total。总量与铁锰结合态和有机结合态含量的差值为硫化矿物结合态含量，分别表示为 As-pyrite、Fe-pyrite 和 Mn-pyrite。

（2）沉积物中砷形态的测定方法。

取沉积物提取液 2.5 mL 至 5 mL 带盖的聚乙烯管中，加入 167.0 μL 50% KI 溶液作还原剂，再加入 208 μL 1% 8-羟基喹啉掩蔽剂、794 μL 50% 的 HCl，盖上盖，摇匀，放置 20 min 后，用 HG-AFS 法测定样品中砷的含量。若样品砷含量过高，取滤液稀释后，再按上述方法测定。

3.4.3.3 生物体中砷形态的分析方法

(1) 生物体中总砷的测定。

准确称取约 1.00 g 鱼肌肉冻干组织（其他组织取样量为 0.50 g）于聚四氟乙烯消解罐中，加入 10.00 mL HNO$_3$、1.00 mL 浓 HClO$_4$，拧紧瓶盖摇匀后放入微波炉中梯度升温（依次为低温 1 min、中高温 2 min、高温 2 min、静置 2 min、高温 2 min、中高温 2 min、低温 1 min）消解样品，冷却至室温后，取出消解罐，打开瓶盖并加入 10.00 mL 蒸馏水，再次拧紧瓶盖振荡摇匀，放置 10 min 后，用 0.45 μm 的醋酸纤维膜过滤，用 5.00 mL 蒸馏水冲洗消解罐 3 次、滤纸 3 次，再加入 10 mL 50% HCl。测定前加入 1 mL 5.0%硫脲+3.0%抗坏血酸溶液，放置 20 min 后用超纯水定容至 50.00 mL，摇匀放置，待测。以不加样品，其余步骤同上的样品作分析空白样。

(2) 生物体中砷形态的含量测定。

准确称取 1.00 g 鱼肌肉冻干组织（鱼的肝脏和鱼皮取样量为 0.50 g）至 50 mL 塑料离心管中，加入 0.10 g 胰蛋白酶，用移液管加入 20 mL 0.1 mol/L NH$_4$HCO$_3$ 溶液，在 37 ℃水浴中振荡酶解 8 h 后，以 12000 r/min 离心 10 min，取上层清液于 50 mL 容量瓶中，向离心管中继续加入 10 mL 超纯水，再以 12000 r/min 离心 5 min，转移上层清液于上述 50 mL 容量瓶中，再加入 10 mL 50% HCl，用超纯水定容至刻度。按照 3.3 节生物样品中砷形态的 HPLC-ICP-MS 分析方法进行砷形态的测定。

3.4.4 硫形态的分析方法

本书将沉积物中还原性硫分为元素硫（elemental sulfur，ES）、酸可挥发性硫（acid volatile sulfur，AVS）和硫化矿物硫（pyrite sulfur，PS），参照陈莉[11]、王敬华[12]以及尹硕[13]等测定沉积物中硫形态的方法完成本实验硫形态的测定。总还原性硫（total reduced sulfur，TRS）由三种硫形态硫的含量相加而得。

3.4.5 铁、锰结合态的分析方法

分别取间隙水和沉积物提取液 0.5 mL，经蒸馏水适当稀释后，用 ICAP Q ICP-MS 型电感耦合等离子体质谱（Thermo Fisher）测定 TFe、TMn 的含量。

3.4.6 各大参数的分析方法

3.4.6.1 水体中pH值、DOC的测定方法

(1) 水体中pH值的测定方法：用PHSJ-5精密pH计进行测定。

(2) 水体中DOC含量的测定方法：由于间隙水是由沉积物冷冻离心并由0.45 μm的微孔滤膜过滤而得，因此测得的间隙水中总有机碳（total organic carbon, TOC）的含量实际上是溶解性有机碳DOC的含量。其测定方法参照TOC标准方法，由日本岛津TOC-L CPH分析仪进行。主要步骤为：将样品酸化至pH值为2~3后，用喷射气体（高纯空气）吹除IC成分，然后在680 ℃高温下燃烧，检测产物中二氧化碳含量以确定总有机碳（TOC）含量，仪器工作条件如表3-8所示。

表3-8 上覆水和间隙水中DOC测定仪器分析工作条件

指标	工作参数
燃烧管温度 / ℃	680
检出限 / ($\mu g \cdot L^{-1}$)	4
重现性	CV 1.5%
进样量 / μL	150
载气气压 / kPa	200 ± 1
载气流速 / ($mL \cdot min^{-1}$)	150
喷射气流速 / ($mL \cdot min^{-1}$)	80
除湿器 / ℃	0.8

3.4.6.2 沉积物含水率及可挥发性物质含量的测定

(1) 含水率（moisture，%）：称取沉积物样品5 g左右于坩埚中，记录总量，放入烘箱在105 ℃下烘干24 h，取出称重，计算含水率。

(2) 可挥发性物质含量（the volatile substances，TVS）：将称取烘干后的沉积物0.5 g于马弗炉中在750 ℃下烘干4 h后，放入干燥器中冷却至室温后称重，计算沉积物中可挥发性物质含量。

3.5 参考文献

[1] 张蓉. 沱江流域冬季沉积物-水界面氮的赋存形态及其环境地球化学研究[D]. 成都:成都理工大学,2008.

[2] 喻林. 水质监测分析方法标准实务手册[M]. 北京:中国环境出版社,2002:263-269.

[3] MACKIN J E, ALLER R C. Ammonium adsorption in marine sediments[J]. Limnology and Oceanography,1984,29(2):250-257.

[4] SMART M M, RADA R D, DONNERMEYER G N. Determination of total nitrogen in sediments and plants using persulfate digestion. An evaluation and comparison with the Kjeldahl procedure[J]. Water Research,1983,17(9):1207-1211.

[5] 徐青. 沱江流域沉积物-水界面磷的赋存形态及其环境地球化学研究[D]. 成都:成都理工大学,2008.

[6] NEAL C, NEAL M, WICKHAM H. Phosphate measurement in natural waters: two examples of analytical problems associated with silica interference using phosphomolybdic acid methodologies[J]. The Science of the Total Environment,2000,251/252:211-222.

[7] 国家海洋环境监测中心. 海洋检测规范:GB 17378.4—2007[S]. 北京:中国标准出版社,2007.

[8] 朱广伟,秦伯强. 沉积物中磷形态的化学连续提取法应用研究[J]. 农业环境科学学报,2003,22(3):349-352.

[9] 黄清辉,王东红,王春霞,等. 太湖梅梁湾和五里湖沉积物磷形态的垂向变化[J]. 中国环境科学,2004,24(2):147-150.

[10] CHEN Y W, DENG T L, FILELLA M, et al. Distribution and early diagenesis of antimony species in sediments and porewater of freshwater lakes[J]. Environmental Science and Technology,2003,37(6):1163-1168.

[11] 陈莉. 近海浅层沉积物中固定态硫的分离分析及其分布特征研究[D]. 天津:天津科技大学,2010.

[12] 王敬华. 近海浅层沉积物中酸挥发性硫的分析及其分布特征研究[D]. 天津:天津科技大学,2010.

[13] 尹硕. 近海浅层沉积物中元素硫的分析及其分布特征[D]. 天津:天津科技大学,2010.

第4章 沱江流域金堂段沉积物中氮赋存形态及时空变化特征

4.1 金堂段沉积物中氮赋存形态、TVS及含水率垂向分布特征

4.1.1 沉积物中氮赋存形态垂向分布特征

沱江流域金堂段沉积物中氮赋存形态垂向分布如图4-1所示。

由图4-1可见,总氮(TN)含量在518.91~4386.90 mg/kg之间波动,平均含量为1256.27 mg/kg。随着深度的增加,TN的变化趋势和有机氮(ON)的变化趋势类似,总体呈现出逐渐减小的趋势,这可能是由于该采样点离岸较近,

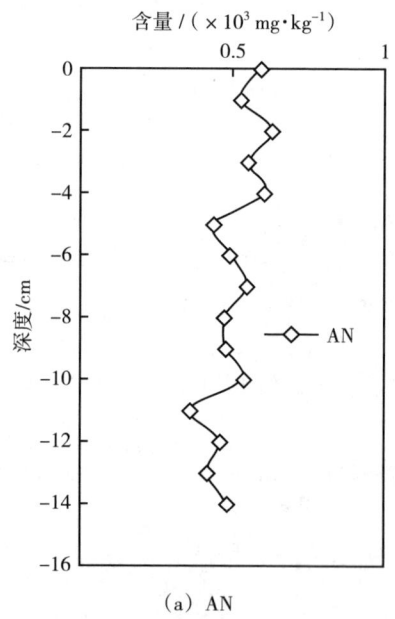 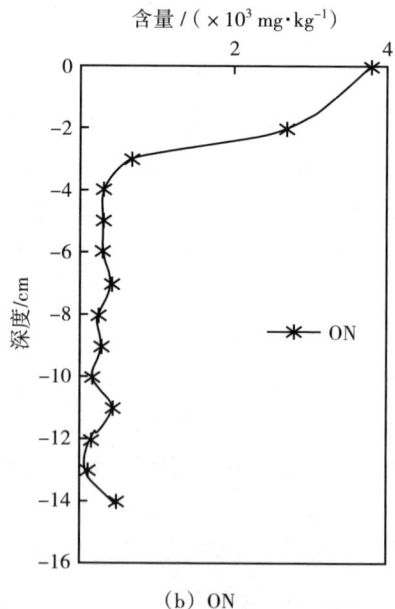

(a) AN　　　　　　　　　　　　　(b) ON

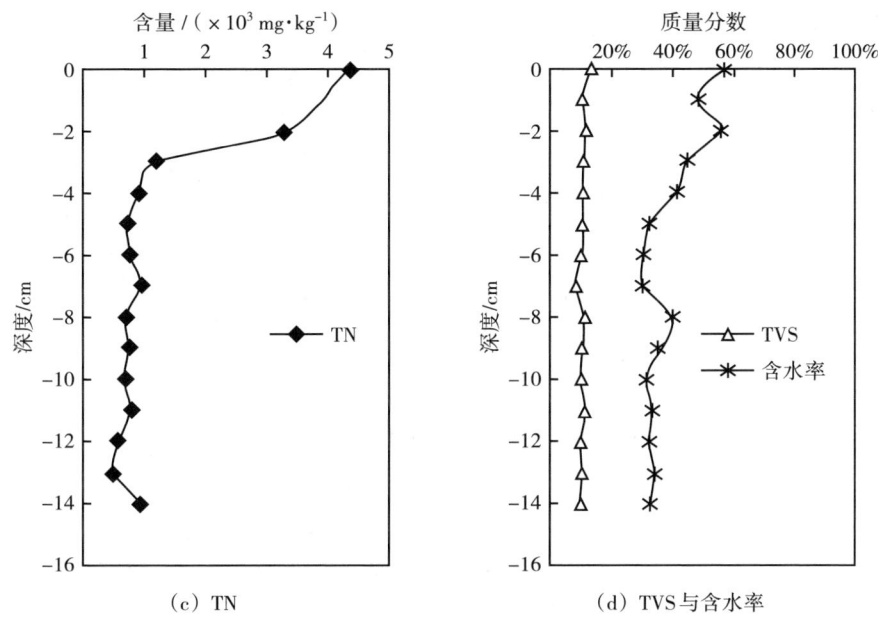

(c) TN   (d) TVS与含水率

图4-1 金堂段沉积物中氮赋存状态、TVS及含水率垂向分布（2017）

陆源补充比较丰富，有机质的含量会随着TN的变化而变化。TN的最大值出现在沉积物表层，峰值为4386.90 mg/kg；最小值出现在-13 cm处，峰值为518.91 mg/kg。TN含量的垂向分布特征，可能的原因有：① 外源氮污染的输入，大量于沉积物表层沉积以及内源氮污染向沉积物表层释放；② 沉积物中的氮在微生物作用下不断矿化分解进入到间隙水中，从而使TN含量随沉积物深度的增加呈下降趋势[1]。

ON含量在101.53～3793.68 mg/kg之间波动，平均含量为747.88 mg/kg，占TN平均含量的59.53%。在沉积物表层ON含量最高，可能是由于有机质的矿化作用大都在表层含氧区内发生[2]，随着深度的增加，ON总体呈现出逐渐减小的趋势，-13 cm处达到最小值为101.53 mg/kg，在沉积物最下层ON含量略有增加。ON的这种垂向分布特征主要取决于水体中生物有机体的沉积作用以及微生物的分解作用。微生物在有氧条件下，将沉积物中的ON通过氨化作用分解为铵态氮，铵态氮又可以通过硝化作用继续转化为硝态氮。但溶解氧在沉积物中的渗透深度只有表层的几厘米，在这种缺氧的环境下微生物分解有机物的作用将大大减弱，并且，分解有机质的微生物大多数存在于沉积物表层中，且随着沉积物深度的增加其数量逐渐减少，所以ON含量会随着沉积物深度的增加而逐渐减少[3]。

可交换态氨氮（ammonia nitrogen，AN）含量在364.41～633.88 mg/kg之间

波动，平均含量为508.39 mg/kg，占TN平均含量的40.47%。表层沉积物中AN含量较高，可能的原因有：① 在沉积物表层氨化作用突出，随着沉积物深度的增加，氧含量的迅速减少，沉积物中各种微生物数量与活性减少，氨化作用降低，同时还原环境促进了反硝化作用的进行，大量氮元素通过反硝化作用转化为N_2，从而使得AN含量开始下降[4]；② 与NH_4^+-N本身带正电荷易于被表层带负电荷的沉积物颗粒胶体吸附而不易发生淋失有关[5,6]。在沉积物最下层AN含量略有增加。AN在-2 cm处含量最高，为633.88 mg/kg，在-11 cm处最小为364.41 mg/kg。

4.1.2 沉积物中TVS和含水率垂向分布特征

沱江流域金堂段沉积物中TVS、含水率的垂向分布如图4-1（d）所示。

沉积物含水率在30.52%～56.64%之间波动，平均含水率为38.90%；TVS在8.86%～13.65%之间波动，平均含量为10.99%。含水率和TVS的总体变化随深度增加而减小，峰值均出现在沉积物-水界面处，沉积物表层含水率较高，可以反映表层沉积物孔隙度相对较大，可在一定的水动力条件下再悬浮，从而造成二次污染[7]。

4.1.3 沉积物中氮赋存状态、TVS及含水率的相关性分析

用SPSS软件对金堂段沉积物中氮赋存状态及TVS、含水率进行相关性分析，结果见表4-1。从表中可以看出，AN与ON的相关系数$r = 0.537$（$0.01 < P \leqslant 0.05$），AN与TN的相关系数$r = 0.618$（$0.01 < P \leqslant 0.05$），ON与TN的相关系数$r = 0.998$（$0.001 < P \leqslant 0.01$），AN、ON与TN两两之间均成正相关关系，ON与TN的正相关关系尤为明显，说明三者在沉积物中存在着动态平衡的关系。

ON与TVS的相关系数$r = 0.743$（$0.001 < P \leqslant 0.01$），TN与TVS的相关系数$r = 0.727$（$0.001 < P \leqslant 0.01$），沉积物中TVS的含量分布很大程度上影响着ON的垂向分布特征，从金堂段的ON含量占TN的比例以及其相关关系来看，TN在沉积物中的分布特征受ON含量的分布影响较大。可以推测沉积物中有机质的矿化分解过程会促进ON的释放。

含水率与AN、ON、TN及TVS的相关系数分别为0.649（$0.001 < P \leqslant 0.01$）、0.838（$0.001 < P \leqslant 0.01$）、0.848（$0.001 < P \leqslant 0.01$）、0.754（$0.001 < P \leqslant 0.01$），沉积物中含水率对AN、ON、TN及TVS的含量分布影响较大，而

含水率的含量与沉积物的粒度组分、黏度性质等相关,由此推测金堂段沉积物的粒度组成、黏度等对沉积物-间隙水中有机污染物的分布起了主导作用,进而影响氮赋存状态在沉积物和水体中的分布特征[1]。

表4-1 沉积物中氮赋存状态、TVS及含水率的相关性分析(2017)

	AN	ON	TN	TVS	含水率
AN	1				
ON	0.537*	1			
TN	0.618*	0.998**	1		
TVS	0.199	0.743**	0.727**	1	
含水率	0.649**	0.838**	0.848**	0.754**	1

注:*在0.5水平(双侧)上显著相关;**在0.01水平(双侧)上显著相关。

4.2 氮赋存形态及TVS、含水率十年前后垂向分布的时空对比

结合本项目在沱江流域金堂段沉积物2007年氮赋存状态的研究结果[8],十年前后沉积物中氮赋存状态及TVS、含水率的垂向分布对比如图4-2所示。

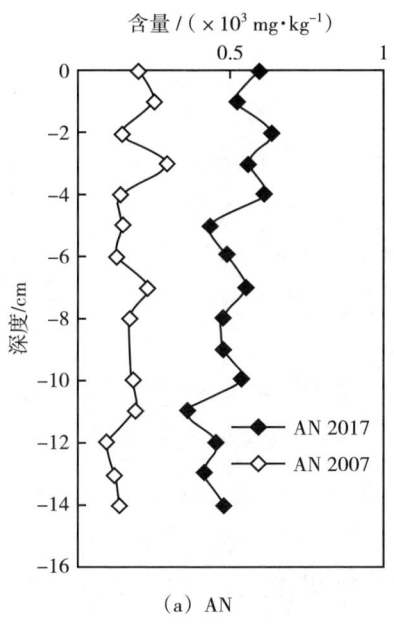
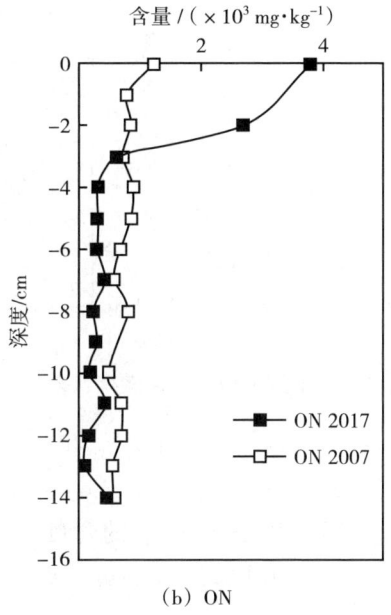

(a) AN (b) ON

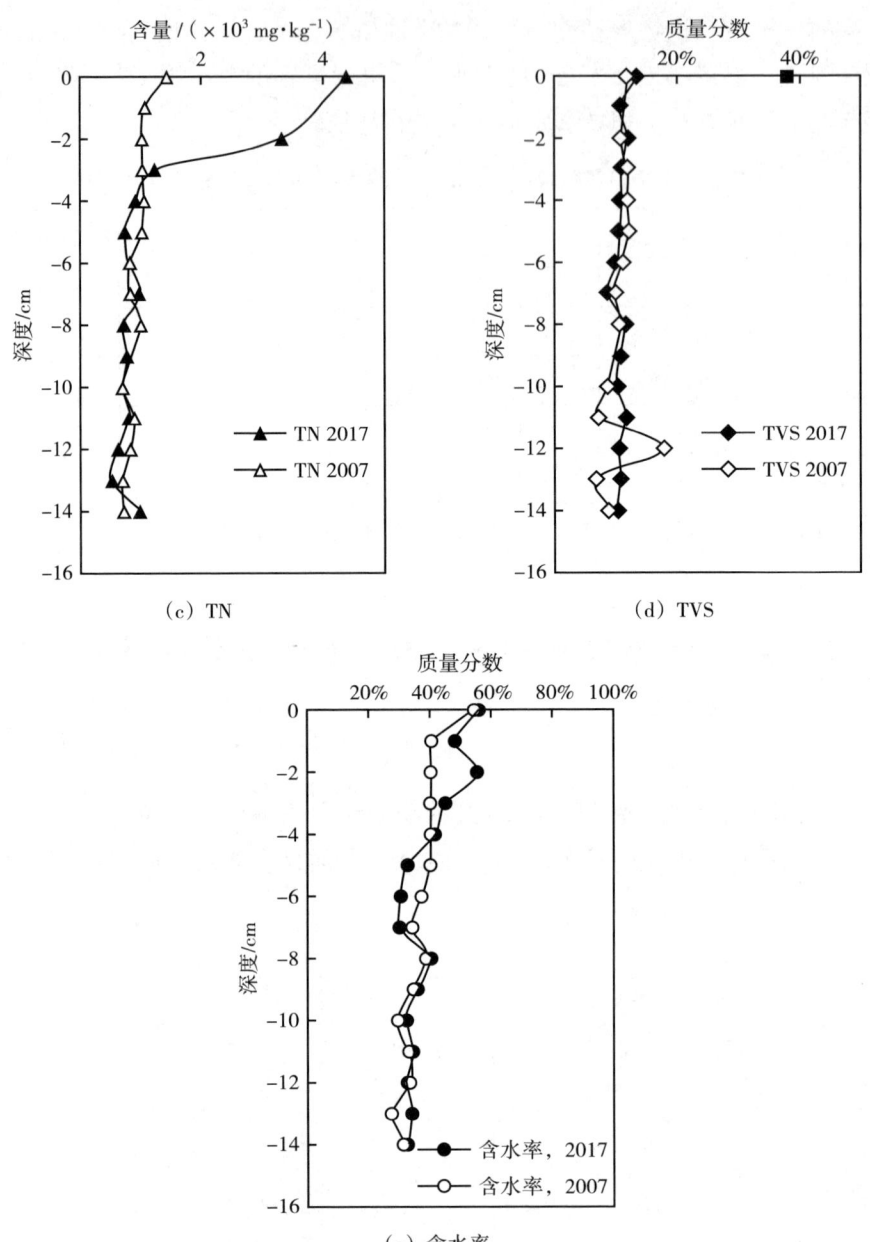

图4-2 金堂段沉积物中氮赋存状态、TVS及含水率在2007年和2017年的垂向分布对比

AN_{2017}的含量均大于AN_{2007}的含量,两者在沉积物中的分布特征大致相同,总体呈现减小的趋势。在-3 cm以上,ON_{2017}的平均含量远远大于ON_{2007}的平均含量,-3 cm以下,ON_{2017}的含量均小于ON_{2007}的含量,两者均是随着沉积物深度的增加,总体呈现逐渐减小的趋势,且在沉积物-水界面出现最大值。在

−3 cm 以上，TN_{2017} 的含量均大于 TN_{2007} 的含量，−3 cm 以下，TN_{2017} 的含量与 TN_{2007} 的含量相比有大有小，且二者相差不大，随着沉积物深度的增加，总体均呈现逐渐减小的趋势，且在沉积物-水界面出现最大值。

沉积物-水界面氮的迁移转化是一个涉及物理、化学及生物等多种因素的复杂的地球化学循环过程，包括了氮的输入、氮的固定、有机质的矿化、硝化、反硝化、硝酸盐的氨化等反应过程[9]。由十年前后各形态氮的分布规律可见，AN 含量的总体增加是外源氮输入以及内源氮释放综合作用的结果；而 ON 与 TN 基本在−3 cm 以上增加，而在−3 cm 以下减小，推测外源氮的输入是以一部分氨氮和一部分有机氮的形式进入沉积物-水界面的。外源输入的有机氮不易通过分子扩散的形式扩散至间隙水或沉积物中，只能通过微生物作用发生矿化反应而形成无机氮形态，这个过程相对缓慢和复杂。随着沉积物深度的增加，含氧量逐渐减少，使得沉积物下层容易呈现出相对还原环境，有机质的矿化作用及硝化作用逐渐减弱，由有机质矿化作用而产生的无机氮形态减弱，沉积物中无机氮的形态是以 AN 的含量为主，因此在沉积物下层来自有机质矿化作用产生的 AN 应该在 AN 的分布中所占比例较小，由此推测 AN 总体含量的增加受外源氮输入的影响较大。这与 2016 年新华网报道的氨氮再次污染事件以及近年来学者们针对沱江流域生态环境的研究结果一致，氨氮是重要的超标因子之一[10-11]。

AN 在十年前后呈现基本相同的垂向分布规律，与沉积物的沉积环境、沉积物的组分及含水率等密切相关，表层沉积物的含氧量高于深层沉积物的含氧量，无论是由于浓度梯度扩散至间隙水的 AN，或者有机质矿化产生的 AN，还是硝酸盐氨化产生的 AN，由于逐渐形成的厌氧环境常常发生反硝化过程，最终生成 NO 或 N_2，进入大气圈或者再进入氮的地球化学循环过程，导致 AN 均大致呈现随深度减小的趋势。−3 cm 以下，ON 含量相比十年前减小，说明了 ON 作为内源氮污染的来源被微生物分解形成无机氮形态进入下一个地球化学循环过程。

对比沱江流域金堂段 2007 年和 2017 年沉积物中各氮赋存状态的含量可见，随着时间的推移，AN 含量是明显增加的，深度在−3 cm 下 ON 含量是减小的，−3 cm 以上 ON 含量是增加的，可以推测金堂段沉积物中的氮已经作为内源氮释放至间隙水甚至上覆水中，使得沉积物表层 ON 以及 TN 含量增加明显。沱江流域水环境污染需要解决的主要超标因子从过去的有机污染物转变为难以治理的氨氮污染物[12]。

TVS_{2017} 的含量在−8 cm 以上基本是减小的，而在−8 cm 以下 TVS_{2017} 的含量大

于 TVS_{2007}。在 $-4\ cm$ 以上及 $-7\ cm$ 以下，$Moisture_{2017}$ 的含量大于 $Moisture_{2007}$；$-7\sim-5\ cm$，$Moisture_{2017}$ 的含量小于 $Moisture_{2007}$。

4.3 小 结

本章系统地研究了沱江流域金堂段沉积物中氮的不同赋存状态的垂向分布特征，并对比了2007年至2017年十年前后氮赋存状态的变化。结果表明：$-3\ cm$ 以上有机氮是总氮的主要赋存状态，随着深度的增加，总氮与有机氮的变化趋势类似，在 $-3\ cm$ 以上含量迅速减小，最大值均出现在沉积物表层，且二者与TVS的垂向分布特征密切相关。对比2007年和2017年沉积物中不同赋存状态氮的含量发现，可交换态氨氮含量是明显增加的，$-3\ cm$ 以下有机氮与总氮含量是减小的，$-3\ cm$ 以上有机氮与总氮含量是增加的，可推测沱江流域沉积物中的氮已经作为内源氮释放至间隙水甚至上覆水中，同时存在外源污染，使得沉积物表层有机氮以及总氮含量升高明显。本研究成果对评价水环境质量、治理环境污染、维护生态平衡具有重要意义。

4.4 参考文献

[1] 苟婷,李思阳,许振成,等.高州水库沉积物中总氮与总磷的分布特征研究[J].环境科学与管理,2014,39(7):31-35.

[2] 吕晓霞,宋金明,李学刚,等.北黄海沉积物中氮的地球化学特征及其早期成岩作用[J].地学报,2005,79(1):114-123.

[3] 岳维忠,黄小平.珠江口柱状沉积物中氮状态分布特征及来源探讨[J].环境科学,2005,26(2):195-199.

[4] 王志齐,李宝,胡向辉,等.南四湖沉积物氮磷和有机质分布特征及其相关性分析[J].土壤通报,2013,40(4):867-874.

[5] 沈丽丽,何江,吕昌伟,等.哈素海沉积物中氮和有机质的分布特征[J].沉积学报,2009,28(1):158-165.

[6] 侯兆杰.内蒙古高原典型湖泊氮的地球化学特征[D].呼和浩特:内蒙古大学,2013.

[7] 宋迪,陈毅良.泸沽湖沉积物中氮、磷等垂向分布特征研究[J].环境科学

导刊, 2016, 35（1）: 1-4.

[8] 张蓉. 沱江流域冬季沉积物-水界面氮的赋存形态及其环境地球化学研究[D]. 成都: 成都理工大学, 2008.

[9] 陈雨艳, 余恒, 向秋实, 等. 沱江流域水环境质量分析[J]. 四川环境, 2015, 34（2）: 85-89.

[10] 朱先征, 何岩, 黄民生, 等. 城市内河沉积物中反硝化作用的研究进展[J]. 环境科学与技术, 2012, 35（6）: 64-70.

[11] 周露怡. 沱江成都出境断面"金堂县五凤"水质模拟研究[D]. 成都: 西南交通大学, 2013.

[12] 杜明, 柳强, 罗彬, 等. 岷、沱江流域水环境质量现状评价及分析[J]. 四川环境, 2016, 35（5）: 20-25.

第5章 沱江流域沉积物–水界面磷的赋存形态及迁移化特征

本章沉积物–水界面磷的赋存形态的数据来源于2006年7月和2007年1月采样的实验数据。

5.1 间隙水中磷形态及Fe，Mn垂向分布特征

5.1.1 金堂段间隙水中SRP，SUP，TDP及Fe，Mn垂向分布特征

沱江流域金堂段沉积物间隙水中SRP，SUP，TDP及Fe，Mn的垂向分布结果见表5-1，各形态磷与Fe，Mn的相关系数见表5-2。

表5-1 金堂段间隙水中各磷形态和Fe，Mn的垂向分布结果

深度 /cm	P浓度 / (mg·L^{-1})						Fe浓度 / (mg·L^{-1})		Mn浓度 / (mg·L^{-1})	
	夏季			冬季			夏季	冬季	夏季	冬季
	SRP	SUP	TDP	SRP	SUP	TDP				
10	/	/	/	1.02	0.16	1.18	0.67	/	0.28	/
9	/	/	/	/	/	/	/	/	/	/
8	/	/	/	0.63	0.11	0.74	0.64	/	0.38	/
6	/	/	/	0.27	0.043	0.31	1.21	/	0.53	/
5	0.14	—	0.14	/	/	/	/	/	/	/
4	/	/	/	0.57	0.065	0.64	/	/	/	/
0	0.12	0.20	0.32	0.29	0.046	0.34	7.54	0.16	3.24	2.79
−1	0.16	0.090	0.26	/	/	/	/	1.48	/	3.52

表 5-1（续）

深度 /cm	P 浓度 /(mg·L^{-1})						Fe 浓度 /(mg·L^{-1})		Mn 浓度 /(mg·L^{-1})	
	夏季			冬季			夏季	冬季	夏季	冬季
	SRP	SUP	TDP	SRP	SUP	TDP				
−2	0.20	0.22	0.42	0.31	0.038	0.35	10.82	1.28	5.59	3.57
−3	0.087	0.14	0.23	/	/	/	/	0.22	/	2.52
−4	0.079	0.15	0.23	0.40	0.042	0.44	/	—	/	2.38
−5	0.071	0.22	0.29	/	/	/	/	0.27	/	2.82
−6	0.13	0.18	0.30	0.85	0.24	1.09	/	5.76	/	2.40
−7	0.18	0.22	0.40	/	/	/	/	0.49	/	2.06
−8	0.087	0.12	0.21	0.34	0.019	0.36	2.30	1.37	1.02	3.03
−9	0.079	0.13	0.21	/	/	/	/	0.47	/	1.35
−10	0.083	0.13	0.22	0.16	0.045	0.21	15.25	0.25	4.85	1.96
−11	0.090	0.13	0.22	/	/	/	/	6.43	/	2.34
−12	0.073	0.20	0.27	0.50	0.11	0.61	72.79	—	13.24	2.23
−13	0.033	0.21	0.25	/	/	/	/	1.75	/	1.35
−14	0.040	0.20	0.24	0.034	0.029	0.063	9.34	—	2.29	—
−15	0.066	0.19	0.26	/	/	/	/	100.45	/	7.59
−16	0.067	0.19	0.26	0.23	0.025	0.26	9.84	56.58	2.41	1.21
−17	0.066	0.22	0.29	/	/	/	/	—	/	1.55
−18	0.039	0.16	0.20	0.045	0.17	0.21	12.30	2.79	2.62	0.41
−19	0.039	0.15	0.19	/	/	/	/	0.87	/	0.80
−20	0.039	0.13	0.17	0.64	0.051	0.69	25.08	0.63	3.97	0.49
−21	0.044	0.14	0.18	/	/	/	/	4.68	/	0.80
−22	0.039	0.11	0.15	0.81	0.13	0.94	/	1.97	/	0.70
−23	0.067	0.11	0.18	/	/	/	/	1.26	/	0.28
−24	0.041	0.20	0.24	0.037	0.13	0.162	/	/	/	/

表5-1（续）

深度/cm	P浓度/(mg·L⁻¹)						Fe浓度/(mg·L⁻¹)		Mn浓度/(mg·L⁻¹)	
	夏季			冬季			夏季	冬季	夏季	冬季
	SRP	SUP	TDP	SRP	SUP	TDP				
−26	/	/	/	0.024	0.020	0.044	/	/	/	/
−28	/	/	/	0.058	0.011	0.069	/	/	/	/

表5-2 冬夏两季金堂段间隙水中各形态磷与Fe，Mn等的相关系数

	夏季						冬季					
	SRP	SUP	TDP	Fe	Mn	pH值		SRP	SUP	TDP	Fe	Mn	pH值
SRP	1						SRP	1					
SUP	0.14	1					SUP	0.47	1				
TDP	0.79	0.72	1				TDP	0.98	0.63	1			
Fe	−0.16	0.19	0.035	1			Fe	−0.19	−0.21	−0.21	1		
Mn	0.11	0.34	0.25	0.94	1		Mn	−0.094	−0.28	−0.15	0.63	1	
pH值	0.42	0.57	0.63	−0.39	−0.36	1	pH值	0.15	−0.26	0.077	0.47	−0.085	1

5.1.1.1 夏冬两季金堂段间隙水中Fe，Mn的垂向分布特征

夏冬两季金堂段间隙水中Fe，Mn的垂向分布图分别见图5-1和图5-2。

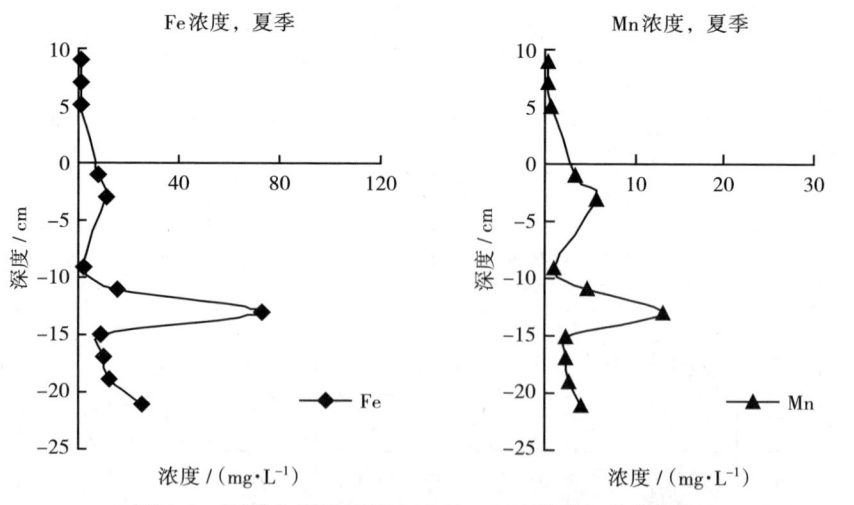

图5-1 夏季金堂段间隙水中Fe，Mn的垂向分布特征

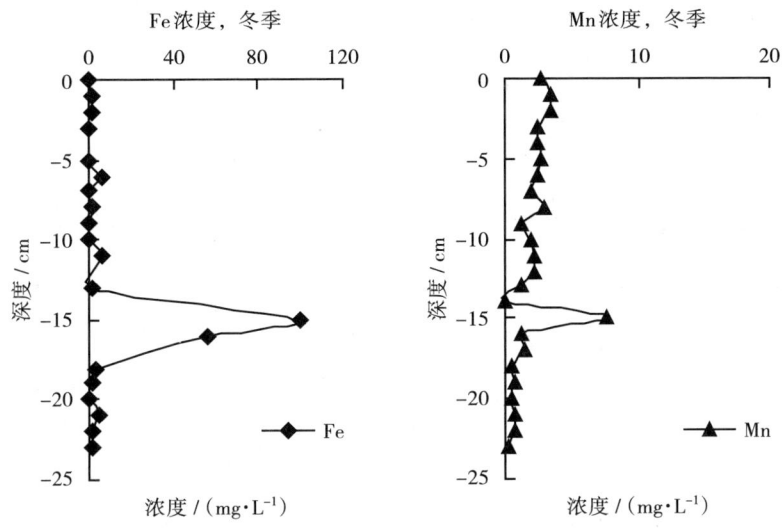

图5-2 冬季金堂段间隙水中Fe，Mn的垂向分布特征

由图5-1、图5-2可见，金堂段溶解性Fe，Mn的垂向分布非常相似，其相关系数分别为0.94（夏季）、0.63（冬季），说明两者所反映的氧化还原情况是基本一致的。

夏季上覆水中溶解性Fe，Mn含量均较少，间隙水中含量逐渐升高，在沉积物-水界面-2 cm处出现一峰值10.82 mg/L（Fe）和5.59 mg/L（Mn），其后呈现出减少趋势，在-8 cm处达到最小值2.30 mg/L（Fe）和1.02 mg/L（Mn），在-12 cm处突跃至最大值72.79 mg/L（Fe）和13.24 mg/L（Mn）。

冬季间隙水中溶解性Fe，Mn的含量较夏季低，铁的垂向变化不是特别明显，在-15 cm处出现极大的峰值100.45 mg/L；锰随着深度的增大呈现出逐渐减小的趋势，同样在-15 cm处出现峰值7.59 mg/L。

对比金堂段冬夏两季Fe，Mn的垂向分布特征及其平均浓度可见：① 通常微生物首先利用有氧呼吸降解有机质，其次锰呼吸，再次为硝酸盐、铁和硫呼吸作用[1]。在间隙水中，溶解性铁的含量大大高于锰，这不仅印证了锰的优先呼吸作用，而且也印证了金堂段的沉积的矿物组成主要受水体剥蚀的富含铁质的紫色土砂页岩和沿岸土壤（河漫滩）颗粒物所控制。② 总体来说，冬夏两季Fe，Mn几乎在同一层面出现最大值，而在这一峰值出现之前，其含量都是比较低的。沉积物表层往往含有大量的有机质，Fe，Mn在沉积物中的垂向分布反映了早期成岩过程中物质的溶解还原作用，其特征峰是沉积物的氧化还原电位指示剂。研究结果表明[2]，在沉积物的表层存在一个氧化带，那么溶解性铁锰在表层沉积物中易被氧化生成铁锰水合物或氧化物被埋藏而含量较低，而这种趋势会随着DO的逐渐减小而改变，Fe^{2+}，Mn^{2+}含量的逐渐增加预示着还原环境的增强。③ 夏季Fe，Mn的含量是高于冬季的。由于夏季气温高，微生物活跃，有机质分解迅速，使得夏季的沉积物间隙水较冬季呈现相对还原的状态，Fe，Mn容易被还原为Fe^{2+}，Mn^{2+}而使夏季的含量高于冬季。

5.1.1.2 夏冬两季金堂段间隙水中SRP，SUP及TDP的垂向分布特征

夏冬两季间隙水中各磷形态的垂向分布见图5-3、图5-4。

由图5-3可见，SRP占TDP的比例相对较小，其在间隙水中的平均浓度为0.081 mg/L，仅占TDP的32.93%。随着深度的增加，SRP的总体趋势是先增加后减小的，分别在-2 cm，-7 cm出现两个峰值，其后趋势变化较平稳，波动较小，呈现减小趋势。推测SRP呈现这种垂向分布特征的原因有三。① 随着深度的增加，由于溶解氧的逐渐减少，氧化环境逐渐向还原环境转变，由于$Fe(OH)_3$的还原作用，大量磷酸根从沉积物释放到间隙水中，导致上层的SRP含量较高；此后，随着深度的增加，由于PO_4^{3-}在水中的饱和度会因为较高的水压而减小，导致PO_4^{3-}又重新吸附到沉积物中而含量较低。② 夏季金堂段间隙水中SRP在上覆水中的浓度是略高于沉积物-水界面的，上覆水中磷的扩散作用导致了上层间隙水中磷的浓度的偏高。③ 从夏季金堂段沉积物中磷细菌的分布特征来看，其在-10 cm之后急剧减少，这与SRP的分布特征相似，与SUP的分布特征相反。可以推测，由于深度的增加，溶解氧的含量逐渐降低，而磷细菌又是属于好氧菌，其在表层的含量居多，在沉积物间隙水-10 cm以上，由于磷细菌降解SUP的作用较强，上层SRP含量较高。而在间隙水的底层，磷细菌降解SUP的能力减弱，使得SRP下层含量少，而SUP下层含量比较高。

SUP是TDP的重要组成部分，在间隙水中其平均含量为0.17 mg/L，约占TDP的67.48%。SUP以及TDP在上覆水中的浓度均小于其在间隙水中的浓度，而且均在-2 cm，-7 cm，-17 cm出现较大的峰值。

对比图5-3各磷形态沉积物-水界面的含量可见，在出现峰值之前，沉积物表面各磷形态的含量都是比较低的，特别是SRP的含量，在沉积物-水界面的含量与沉积物表层相比较低，推测在沉积物的表层有控制磷的迁移转化的因素存在。高丽等[3]在其研究中指出沉积物-水界面磷的扩散通量主要由Fe^{3+}控制，那么沉积物-水界面可作为沉积物向上覆水释放磷的一个缓冲界面，当沉积物释放磷到间隙水中，有可能这些磷不会被释放到上覆水中去，而是在沉积物的表层由Fe^{3+}或其化合物以各种方式结合下来再次进入沉积物中磷的生物地球化学循环。

第5章 沱江流域沉积物-水界面磷的赋存形态及迁移化特征

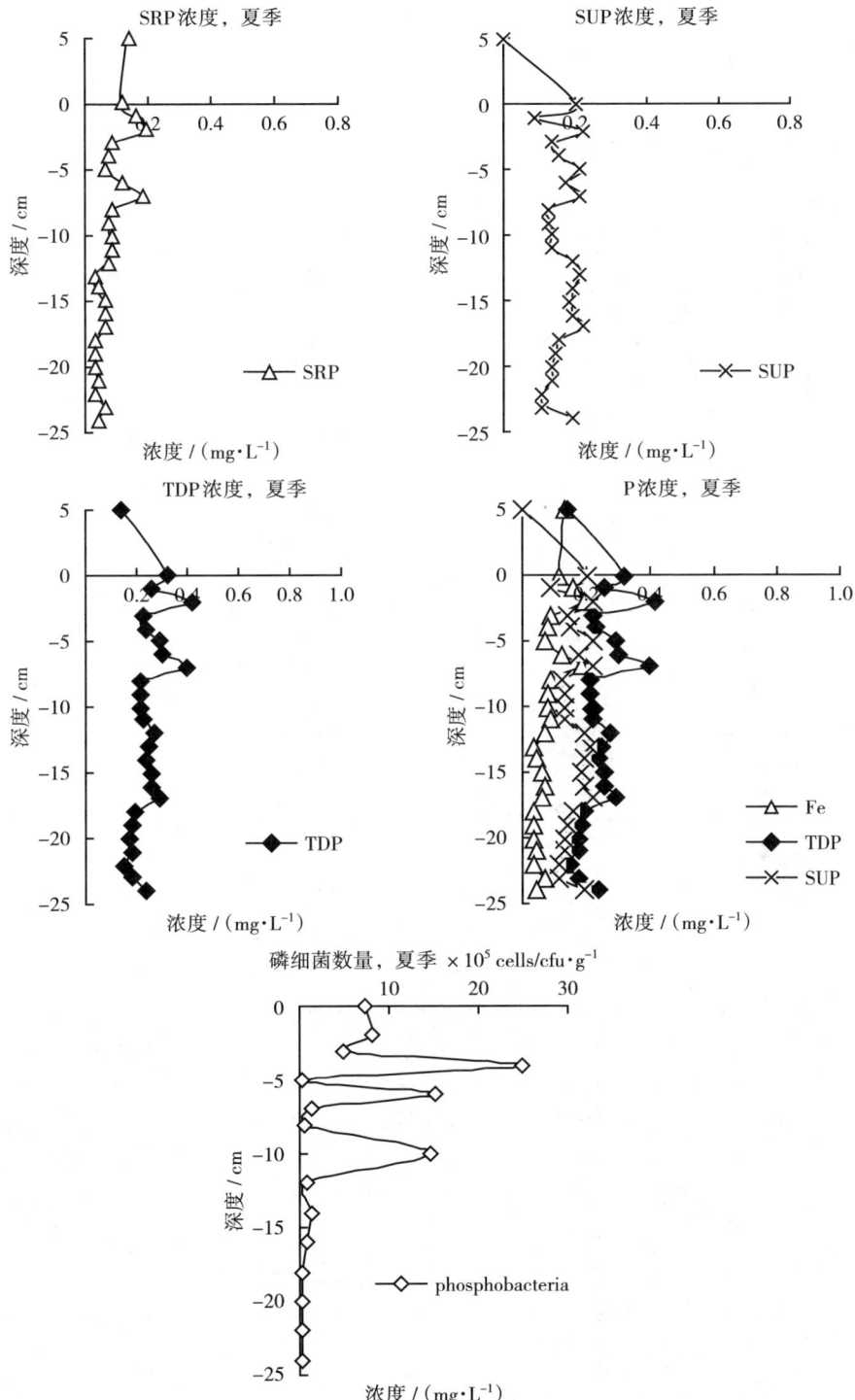

图5-3 夏季金堂段间隙水中各磷形态的垂向分布

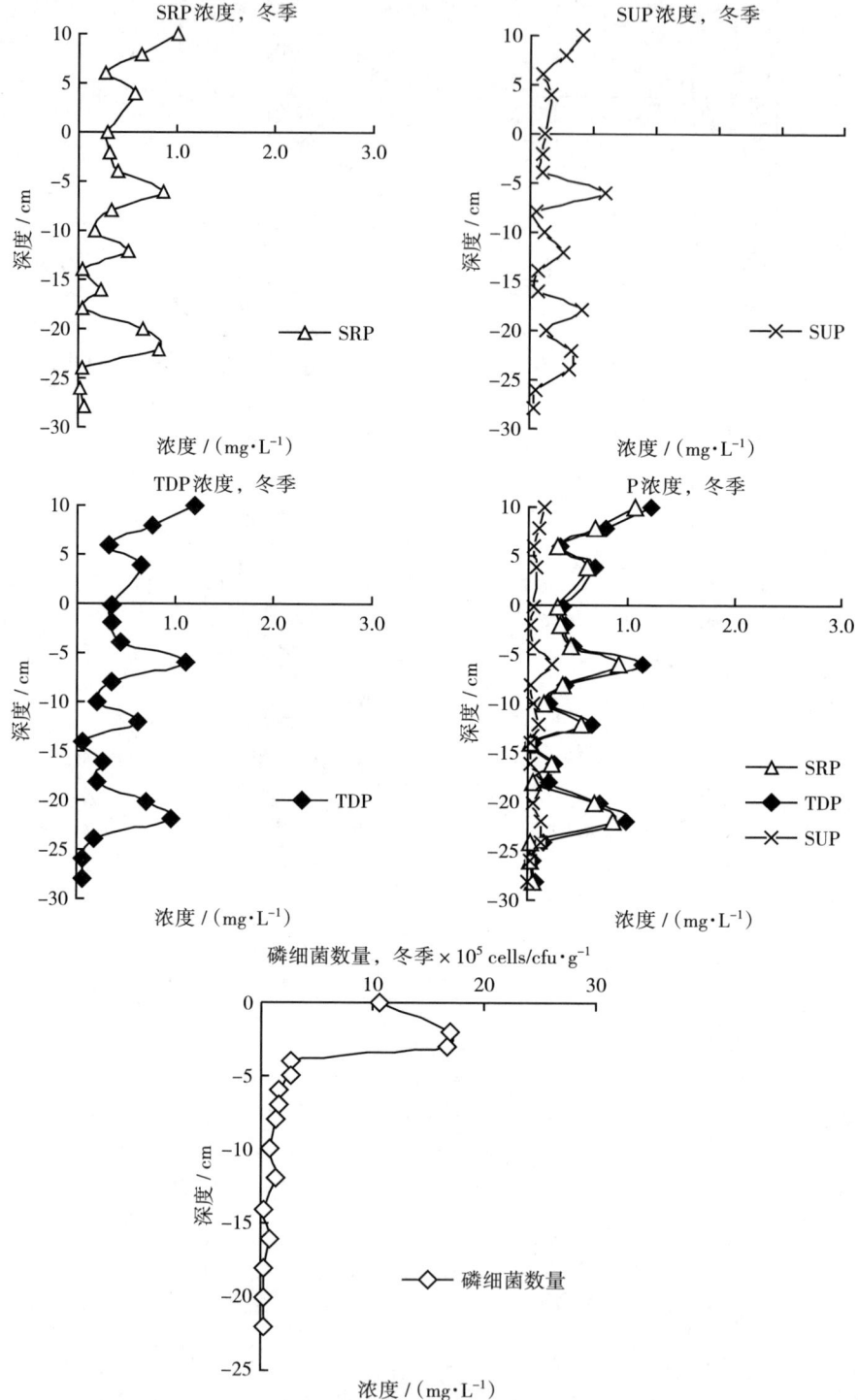

图5-4 冬季金堂段间隙水中各磷形态的垂向分布

从各溶解性磷形态与Fe，Mn的相关系数可见，SRP，SUP与TDP与其含量没有明显的相关关系。但其出现峰值的层面与Fe，Mn基本一致，均在-2 cm，-17 cm左右出现峰值。由于Fe^{2+}易存在于还原的环境当中，还原环境的存在会让无论是结合于Fe^{3+}中的磷酸盐还是与$Fe(OH)_3$共沉淀作用的磷酸盐，因为Fe^{3+}的还原作用而释放到间隙水中。结合上面磷细菌的分布特征可以推测出金堂段夏季间隙水中各溶解态磷是沉积物磷的释放作用和磷细菌对SUP的降解综合作用的结果。

由表5-2可以看出，SRP与TDP以及SUP与TDP均呈现出显著的正相关关系，相关系数分别为$r = 0.79$以及$r = 0.72$，这说明TDP与各溶解态磷是密切相关的。SRP与SUP则不呈现显著的相关关系，说明SRP与SUP有着不同的来源。

金相灿等[4]指出在pH值大于7的碱性条件下，TDP与SRP浓度随着pH值增大而增加。由表5-2可见，金堂段夏季间隙水的pH值大于7，而SRP，SUP，TDP与pH值的相关系数分别达到0.42，0.57，0.63，说明了pH值在影响各形态磷的分布方面，起了不可忽视的作用。

由图5-4可见，SRP是TDP的重要组成部分，在间隙水中其含量在0.024～0.85 mg/L之间波动，平均含量为0.32 mg/L，占TDP的81.23%。SRP随着深度的增加，呈现出先增加再减少，随后再增加后减小的趋势，分别在-6 cm，-22 cm处出现两个较大的峰值，分别为0.85 mg/L，0.81 mg/L。

间隙水中SUP的含量在0.011～0.240 mg/L之间，平均含量为0.073 mg/L，占TDP的18.77%。随着深度的增加，SUP总体呈现减小的趋势，在-6 cm，-18 cm出现两个峰值，分别为0.24 mg/L，0.17 mg/L。

间隙水中TDP含量在0.044～1.090 mg/L之间波动，平均含量为0.390 mg/L，其垂向分布特征与SRP极为相似，相关系数高达0.98；SUP与TDP的相关系数$r = 0.63$。

将各磷形态的垂向分布与磷细菌的垂向分布结合起来分析可见，SRP，SUP的分布与磷细菌的分布没有多大关系；再将各磷形态的垂向分布特征与Fe，Mn的分布结合起来分析，根据各磷形态和Fe，Mn的相关系数为负，且没有明显的相关关系，可以推测出冬季金堂段间隙水中磷的分布不由磷细菌的作用以及沉积物的释放占主导地位。2007年4月左右，金堂段出现了一次大规模的水葫芦暴发，封锁了沱江流域金堂段的河道，此时正值采集金堂段冬季水样后不久。通过对比冬、夏两季金堂段间隙水中各磷形态的含量得出，冬季各磷形态的含量是远远高于夏季的。冬季上覆水中磷的含量比较高，最高为

SRP 1.02 mg/L，TDP 1.18 mg/L。随着上覆水深度的增加，各磷形态的含量呈现出减小趋势，推测上覆水中的磷有可能向沉积物中进行扩散。在水葫芦暴发之前，应该有大量的营养盐进入水体，加之沱江流域金堂段的九龙发电站由于发电所需，需要拦坝蓄水，因此在此段面河流的流速减慢，水体的流动性较差，进入上覆水中的磷有足够的时间停留在水体中与沉积物体系发生交互作用。由于浓度梯度的作用，上覆水中的磷与沉积物间隙水中的磷趋于达到一种动态平衡，上覆水中的磷扩散至间隙水中。由此推测上覆水中磷向沉积物间隙水中的扩散作用在间隙水中各形态磷的来源中占主导地位，这与前面得出的冬季金堂段间隙水中磷的主要来源不由磷细菌的降解作用以及沉积物的释放占主导地位相互佐证。上覆水中较高的磷含量以及较差的河流水体流动性等是这次金堂段水葫芦暴发的重要原因之一。

5.1.2 简阳段间隙水中 SRP，SUP，TDP 及 Fe，Mn 垂向分布特征

沱江流域简阳段沉积物间隙水中 SRP，SUP，TDP 及 Fe，Mn 的垂向分布结果见表5-3；各形态磷与 Fe，Mn 的相关系数见表5-4。

表5-3 简阳段间隙水中各磷形态和 Fe，Mn 的垂向分布结果

深度 /cm	P浓度 /(mg·L^{-1})						Fe浓度 /(mg·L^{-1})		Mn浓度 /(mg·L^{-1})	
	夏季			冬季			夏季	冬季	夏季	冬季
	SRP	SUP	TDP	SRP	SUP	TDP				
5	0.056	0.0040	0.060	0.040	0.010	0.050	/	/	/	/
0	0.17	0.14	0.31	0.021	0.16	0.18	0.80	0.29	0.89	2.19
−1	0.17	0.14	0.31	0.072	0.11	0.18	/	1.35	0.52	2.91
−2	0.13	0.13	0.27	0.025	0.11	0.14	/	0.29	/	3.04
−3	0.11	0.13	0.24	0.067	0.077	0.14	—	0.36	—	2.32
−4	0.11	0.10	0.22	0.053	0.035	0.088	0.20	—	0.47	2.84
−5	0.10	0.10	0.20	0.033	0.087	0.12	0.50	0.47	—	2.52
−6	0.12	0.11	0.23	0.037	0.063	0.10	0.50	0.52	—	2.39
−7	0.14	0.13	0.27	0.031	0.11	0.14	1.70	0.38	—	2.57
−8	0.12	0.19	0.31	0.021	0.067	0.088	—	0.27	0.42	2.28

表 5-3（续）

深度 /cm	P浓度 /(mg·L⁻¹)						Fe浓度 /(mg·L⁻¹)		Mn浓度 /(mg·L⁻¹)	
	夏季			冬季			夏季	冬季	夏季	冬季
	SRP	SUP	TDP	SRP	SUP	TDP				
−9	0.14	0.14	0.28	0.12	0.12	0.24	0.20	0.79	0.80	2.53
−10	0.092	0.27	0.36	0.14	0.067	0.20	—	0.49	—	2.26
−11	0.045	0.34	0.38	0.033	0.087	0.12	/	0.22	/	3.23
−12	0.062	0.31	0.38	0.037	0.10	0.13	1.20	—	0.94	3.07
−13	0.049	0.17	0.22	0.034	0.10	0.14	—	0.38	0.094	3.04
−14	0.055	0.19	0.24	0.045	0.035	0.080	0.60	—	1.17	—
−15	0.074	0.23	0.30	0.041	0.023	0.064	—	—	1.27	3.12
−16	0.024	0.23	0.25	0.0050	0.099	0.104	—	0.20	1.73	2.71
−17	0.037	0.29	0.33	0.057	0.047	0.10	/	—	/	2.36
−18	0.090	0.21	0.30	0.017	0.12	0.14	0.10	0.20	0.42	2.96
−19	0.037	0.50	0.54	0.021	0.13	0.15	—	0.18	1.13	3.68
−20	0.018	0.39	0.41	/	/	/	0.30	0.56	1.50	4.31
−21	0.10	0.35	0.45	/	/	/	/	/	/	/

表 5-4 夏冬两季简阳段间隙水中各形态磷与 Fe，Mn 等的相关系数

	夏季						冬季				
	SRP	SUP	TDP	Fe	Mn		SRP	SUP	TDP	Fe	Mn
SRP	1					SRP	1				
SUP	−0.68	1				SUP	−0.19	1			
TDP	0.32	0.91	1			TDP	0.58	0.69	1		
Fe	0.21	−0.16	0.14	1		Fe	0.55	0.017	0.5	1	
Mn	−0.51	0.5	0.32	0.50	1	Mn	−0.34	0.13	−0.14	0.014	1

5.1.2.1 夏冬两季简阳段间隙水中 Fe，Mn 的垂向分布特征

夏冬两季简阳间隙水中 Fe，Mn 的垂向分布分别见图 5-5、图 5-6。

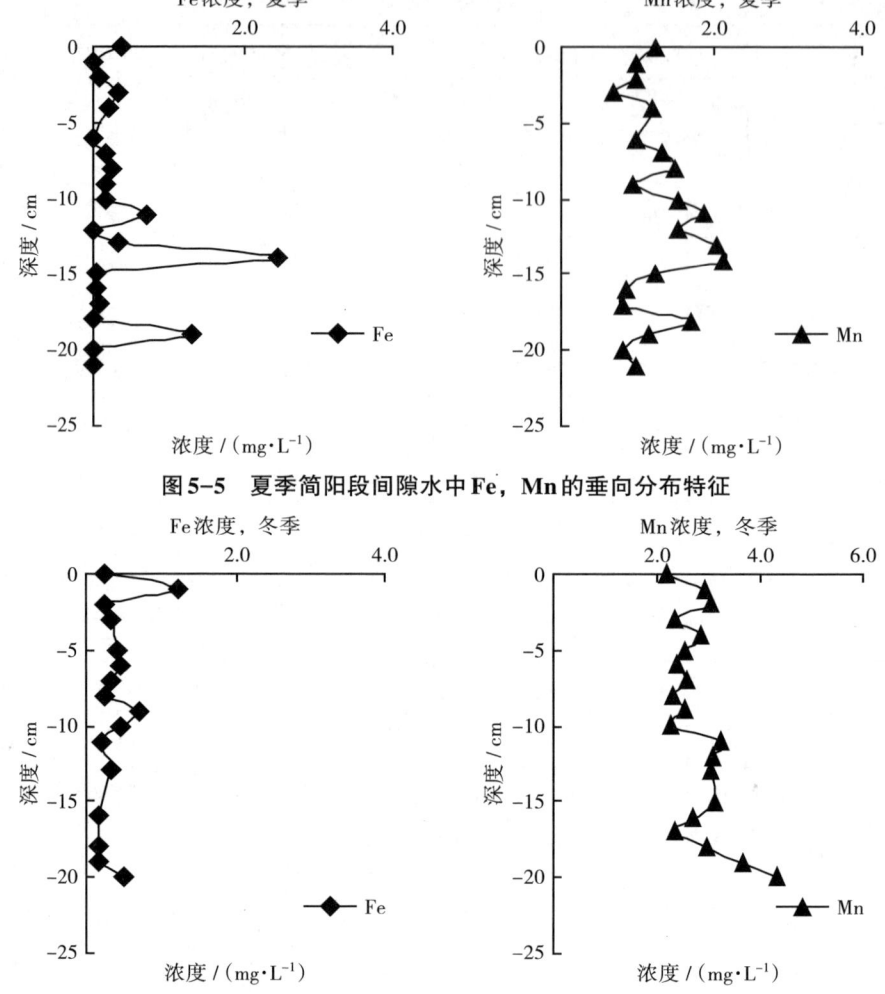

图 5-5 夏季简阳段间隙水中 Fe，Mn 的垂向分布特征

图 5-6 冬季简阳段间隙水中 Fe，Mn 的垂向分布特征

简阳段间隙水 Fe，Mn 在夏季呈现正相关关系（$r = 0.5$）。由图 5-5 可见，Fe，Mn 剖面比较相似，尤其在上部，随深度的增加而减小，在 -4 cm 处开始增大，同时在 -14 cm 处达到峰值，且在底部逐渐减小。而 Fe，Mn 在冬季却没有呈现显著的相关关系（$r = 0.014$）。冬季 Fe，Mn 呈现的趋势在间隙水的上部是相似的，随着深度的增加呈现先增加后减小的趋势，Fe 在 -1 cm 处出现峰值 1.35 mg/L，Mn 在 -2 cm 处出现一个小的峰值 3.04 mg/L。其后随着深度的增加，Fe 大致呈现出减小趋势，而 Mn 呈现出逐渐增大的趋势。

对比夏冬两季简阳段间隙水中 Fe，Mn 的分布特征以及其平均浓度可见：① 间隙水中 Fe 的含量少于 Mn 的含量；② Fe 的含量为夏季高于冬季；③ 简阳段间隙水中Fe的含量与金堂段相比小很多。

5.1.2.2 夏冬两季简阳段间隙水中SRP，SUP及TDP的垂向分布特征

夏冬两季简阳段间隙水中各磷形态的垂向分布图见图5-7、图5-8。

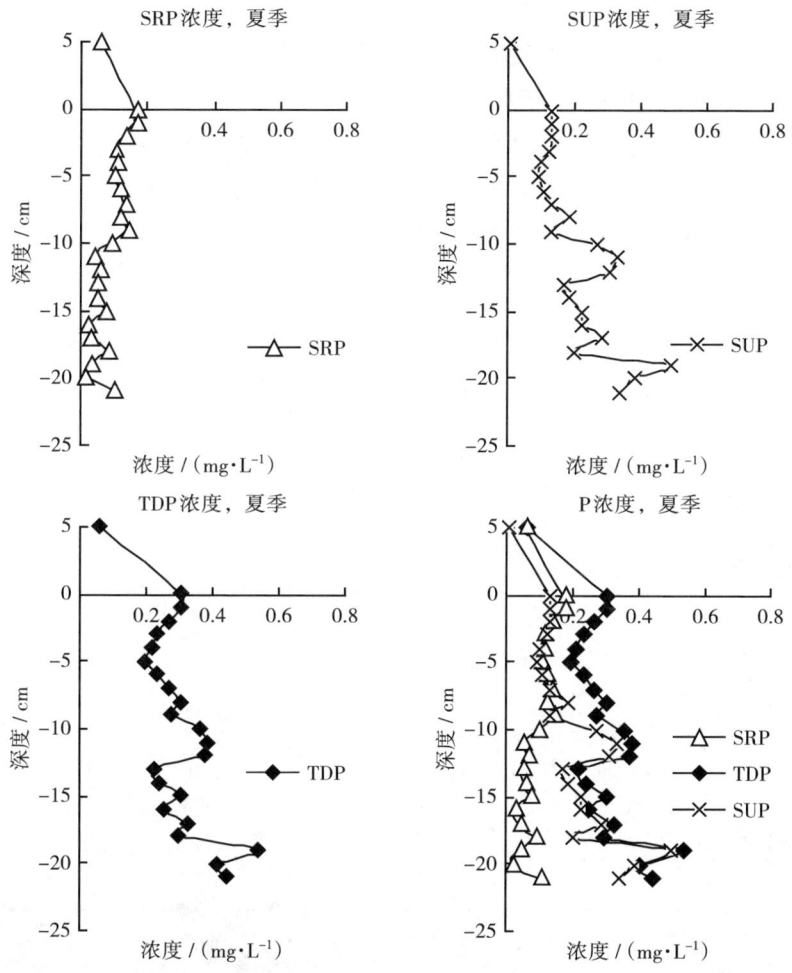

图5-7 夏季简阳段间隙水中各磷形态的垂向分布

由图5-7可见，SRP在间隙水中的含量在0.018~0.170 mg/L之间波动，平均含量为0.091 mg/L，占TDP的29.55%。随着深度的增加，SRP呈现出先减少再增加，随后再减小的趋势，分别在沉积物-水界面，-1 cm，-9 cm处出现峰值，分别为0.17 mg/L，0.17 mg/L和0.14 mg/L。

间隙水中SUP的含量在0.10~0.50 mg/L之间波动，平均含量为0.22 mg/L，占TDP的70.45%，是TDP的重要组成部分。随着深度的增加，SUP总体呈现

出逐渐增大的趋势，在-11 cm，-19 cm处出现两个峰值，分别为0.34 mg/L，0.50 mg/L。

间隙水中TDP含量在0.20~0.54 mg/L之间波动，平均含量为0.31 mg/L。随着深度的增加，TDP也逐渐增大，其变化趋势与SUP密切相关，相关系数 $r = 0.91$。

上覆水中各磷形态的浓度是远远低于间隙水的，这与河流的性质密切相关，因为河水的流动性相对于间隙水要大很多。

SUP与SRP呈现显著负相关关系，$r = -0.68$，结合图5-7可以看出间隙水中的SRP与SUP含量有一定的相关性，特别是在-20~-10 cm。由此推测夏季简阳段间隙水中磷细菌对SUP的降解能力是SRP，SUP垂向分布特征的重要影响因素。

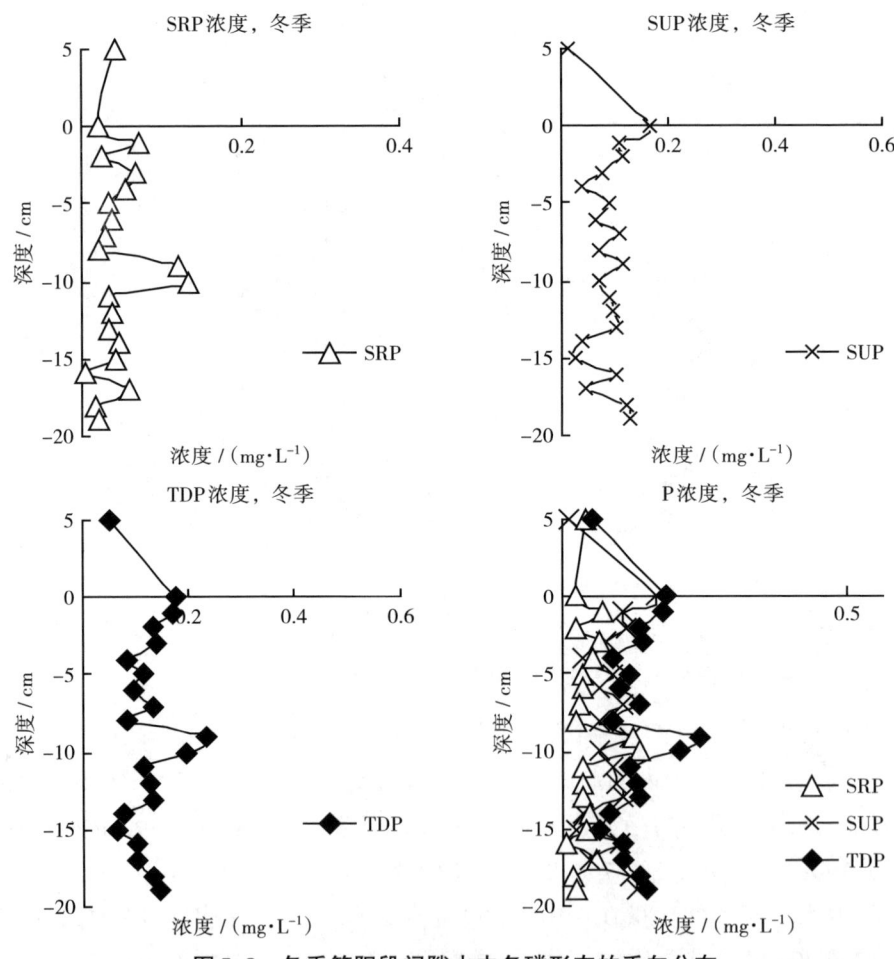

图5-8 冬季简阳段间隙水中各磷形态的垂向分布

由图5-8可见，SRP在间隙水中的含量在0.005~0.140 mg/L之间波动，平均含量为0.046 mg/L，占TDP的34.85%。SRP随着深度的增加，总体呈现出先增加再减小的趋势，分别在-1 cm，-10 cm处出现峰值，为0.072 mg/L和0.140 mg/L。

间隙水中SUP的含量在0.023~0.160 mg/L之间波动，平均含量为0.087 mg/L，占TDP的65.91%，是TDP的重要组成部分。随着深度的增加，SUP变化较小，总体呈现逐渐减小的趋势，在沉积物-水界面出现峰值，为0.160 mg/L。

间隙水中TDP含量在0.064~0.240 mg/L之间波动，平均含量为0.130 mg/L。随着深度的增加，TDP先增大后逐渐减小，在-15 cm出现最小值0.064 mg/L后再逐渐增大。SRP与TDP的相关系数为0.58；SUP与TDP的相关系数为0.69。

上覆水中，除SRP的浓度略高于沉积物-水界面的含量，其他形态都是低于间隙水中的浓度的。

从SRP与Fe的相关系数为0.55以及均在-1 cm，-9 cm左右出现峰值，可以推测冬季简阳段间隙水中SRP主要来源于沉积物的释放作用。SRP与SUP呈现负相关关系（$r = -0.19$），也可以推测磷细菌对SUP的降解作用与其两种磷形态的垂向分布特征也有一定的贡献。

5.2 沱江流域间隙水及上覆水中TDN/TDP垂向分布特征

沱江流域金堂段和简阳段夏冬两季上覆水及间隙水中TDN/TDP垂向分布结果见表5-5、表5-6、图5-9。

表5-5 夏冬两季金堂段上覆水及间隙水中TDN/TDP垂向分布结果

深度 / cm	夏季 TDN / TDP	深度 / cm	冬季 TDN / TDP
0	40.34	10	5.84
-1	83.19	6	27.50
-2	51.95	4	10.38
-3	142.04	0	21.38
-4	133.17	-6	4.76
-5	127.34	-8	17.66

表 5-5（续）

深度 / cm	夏季 TDN / TDP	深度 / cm	冬季 TDN / TDP
-6	134.73	-12	9.82
-7	67.63	-14	90.71
-8	191.57	-16	23.56
-9	202.62	-20	10.28
-10	168.77	-22	7.42
-11	175.59	-24	47.17
-12	170.56	-26	194.91
-13	237.20		
-14	191.88		
-15	220.62		
-16	213.15		
-17	149.90		
-18	153.65		
-19	228.05		
-20	272.82		
-21	232.11		
-22	221.67		
-23	198.72		
-24	161.17		

根据Redfield的假设，一个典型藻类的分子式应为$(CH_2O)_{106}(NH_3)_{16}(H_3PO_4)$，临界的氮磷比按质量计应该为7.2：1.0。实际应用中，由于藻类生长所需要的氮、磷均为可溶性的，因此一般认为当氮磷比大于10时，磷可以考虑为藻类生长的限制因素[5]。

由图5-9可见，相对沉积物的上层，TDN/TDP的比值下层的含量要高一些，说明随着深度的增加，磷越来越成为植物生长的限制因子。金堂段夏季的TDN/TDP在40.34~272.82之间波动，冬季TDN/TDP在4.76~194.91间波动；

表5-6 夏冬两季简阳段上覆水及间隙水中TDN/TDP垂向分布结果

深度/cm	夏季 TDN/TDP	深度/cm	冬季 TDN/TDP
0	170.03	0	88.78
-2	196.44	-1	86.83
-4	202.59	-2	105.41
-5	263.55	-3	98.16
-6	198.04	-4	268.09
-7	185.59	-5	185.70
-8	181.58	-6	194.67
-9	221.96	-7	140.33
-10	127.42	-8	205.20
-11	134.42	-9	86.92
-12	166.13	-10	100.85
-13	286.95	-11	158.87
-14	260.33	-12	142.14
-15	310.27	-13	143.56
-16	187.40	-14	278.55
-17	162.70	-15	458.22
-18	213.70	-16	251.03
-19	162.74	-17	209.43
-20	116.66	-18	147.57
—	—	-19	126.78

简阳段夏季的TDN/TDP在116.66～310.27之间波动，冬季在86.83～458.22之间波动。金堂段冬季上覆水中TDN/TDP的平均比值为16.30，虽然磷在金堂段冬季上覆水中也是主要的限制因子，但是由于其接近于适合藻类生长的氮磷比值，有潜在的暴发藻类生长的危机，从4月金堂段暴发水葫芦来看，跟氮磷比值有着密切的关系；金堂段冬季间隙水中的平均比值为42.78，而简阳段夏冬两季以及金堂段夏季的上覆水和间隙水中TDN/TDP也是远远大于10的，因此

沱江流域水体中磷成为浮游植物等生长的主要限制因子。

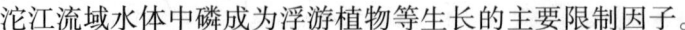

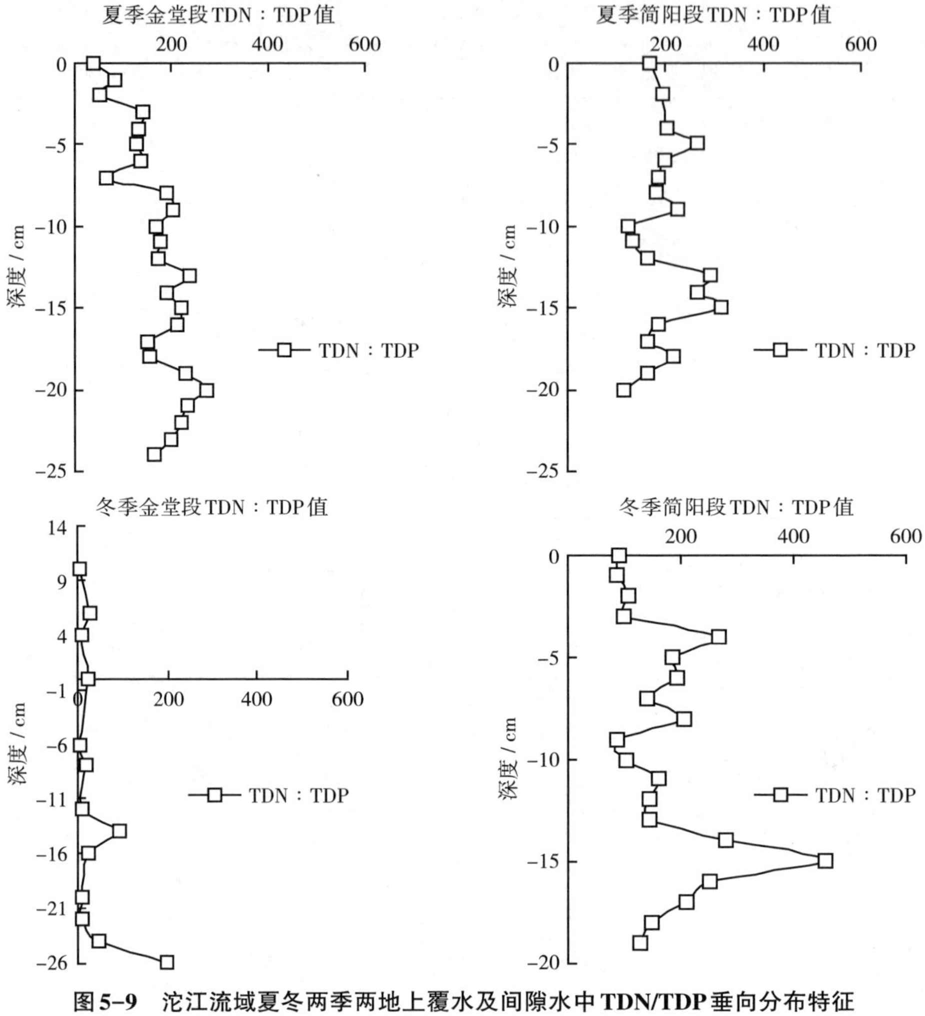

图 5-9　沱江流域夏冬两季两地上覆水及间隙水中 TDN/TDP 垂向分布特征

5.3　沉积物中磷形态及 TVS、含水率垂向分布特征

5.3.1　金堂段沉积物中各磷形态及 TVS、含水率的垂向分布特征

5.3.1.1　夏季沉积物中各磷形态及 TVS、含水率的垂向分布结果

夏季沱江流域金堂段沉积物中各磷形态及 TVS、含水率的垂向分布结果见表 5-7，相关系数见表 5-8，分布行为见图 5-10。

表5-7 夏季沱江流域金堂段沉积物中各磷形态及TVS、含水率的垂向分布结果

深度 / cm	Exc-P / (mg·kg^{-1})	Ca-P / (mg·kg^{-1})	TIP / (mg·kg^{-1})	Res-P / (mg·kg^{-1})	TP / (mg·kg^{-1})	TVS	Moisture
0	27.21	690.72	1447.99	765.00	2212.99	25.03%	43.59%
−1	17.93	609.51	1184.16	697.34	1881.49	11.40%	44.18%
−2	34.31	753.52	932.41	853.00	1785.40	21.61%	42.49%
−3	43.66	/	1327.91	1002.04	2329.95	21.92%	43.16%
−4	3.62	894.70	1093.12	1084.58	2177.69	26.08%	40.90%
−5	20.70	868.16	1150.86	933.06	2083.92	20.72%	36.21%
−6	23.71	867.85	1146.81	838.11	1984.93	24.97%	36.75%
−7	9.62	833.13	1526.95	451.51	1978.46	22.12%	37.03%
−8	10.62	874.21	1272.55	756.61	2029.16	23.71%	37.29%
−9	8.60	961.73	1267.16	503.70	1770.87	23.38%	34.24%
−10	11.67	649.62	1128.92	703.66	1832.59	20.12%	33.80%
−11	6.97	679.89	1075.73	305.19	1380.92	19.76%	32.38%
−12	3.46	608.66	—	—	1514.48	19.67%	31.14%
−13	1.37	808.15	1158.99	524.23	1683.22	11.61%	30.79%
−14	2.90	780.47	1073.36	398.41	1471.77	19.98%	30.51%
−15	0.72	787.45	1180.62	132.93	1313.54	18.28%	31.05%
−16	0.28	729.20	1092.80	432.76	1525.55	15.08%	30.27%
−17	3.41	736.51	1118.95	501.40	1620.35	14.48%	28.52%
−18	3.23	716.84	1187.78	271.46	1459.23	15.44%	26.64%
−19	7.57	859.07	1211.98	505.97	1717.95	15.68%	28.28%
−20	4.75	979.19	1209.99	551.80	1761.79	10.99%	26.63%
−21	6.89	849.01	1234.70	576.15	1810.85	14.13%	26.82%
−22	6.81	963.03	1312.07	607.64	1919.70	16.07%	27.86%
−23	6.86	882.32	1281.97	416.16	1698.12	14.71%	28.78%
−24	6.76	763.33	1133.08	803.32	1936.40	14.16%	33.87%

表5-8 夏季沱江流域金堂段沉积物中各磷形态与间隙水中的磷以及其他参数相关系数研究结果

	Exc-P	Ca-P	TIP	Res-P	TP	TVS	Moisture	SRP	SUP	TDP	Fe	Mn	pH值
Exc-P	1												
Ca-P	-0.11	1											
TIP	0.12	0.26	1										
Res-P	0.64	0.13	-0.050	1									
TP	0.65	0.31	0.43	0.88	1								
TVS	0.43	0.076	0.15	0.43	0.43	1							
Moisture	0.74	-0.25	0.10	0.68	0.66	0.58	1						
SRP	0.59	-0.27	0.091	0.30	0.31	0.44	0.75	1					
SUP	0.027	-0.21	-0.16	0.010	-0.10	0.16	0.052	0.14	1				
TDP	0.42	-0.34	-0.037	0.20	0.15	0.39	0.56	0.79	0.72	1			
Fe	-0.29	-0.37	-0.16	-0.21	-0.37	-0.18	-0.30	-0.16	0.19	-0.035	1		
Mn	-0.004	-0.52	-0.43	0.42	-0.25	0.017	-0.036	0.14	0.34	0.25	0.94	1	
pH值	0.39	-0.26	-0.32	0.007	-0.087	0.29	0.23	0.42	0.57	0.63	-0.39	-0.36	1

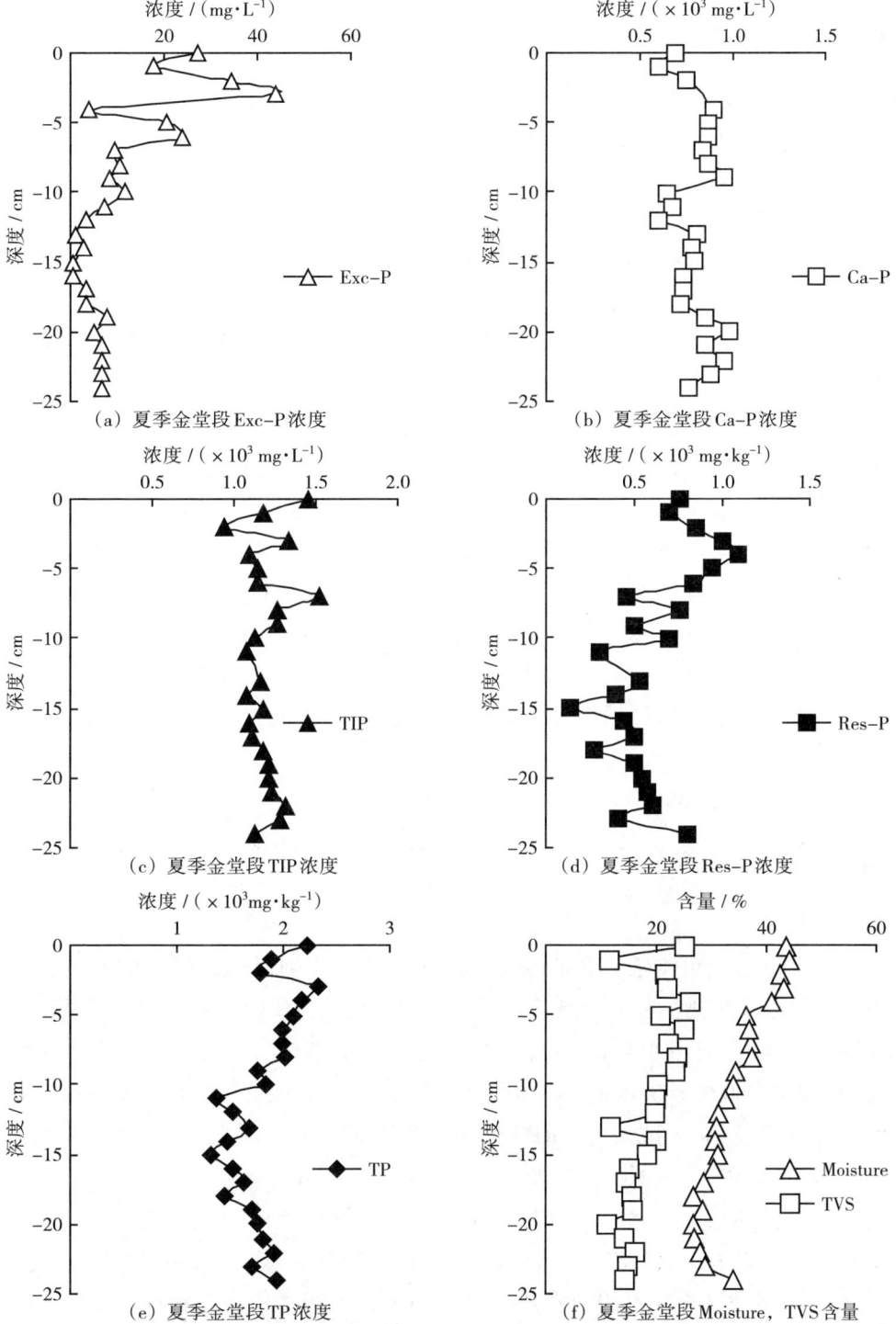

图5-10 夏季沱江流域金堂段沉积物中各形态磷及TVS、含水率垂向分布特征

(1) 结果描述。

由图 5-10 可见，Exc-P 含量在 0.28～43.66 mg/kg 之间波动，平均含量为 10.94 mg/kg，占 TIP 的 0.90%。随着深度的增加，Exc-P 总体呈现减小的趋势，在沉积物上部含量波动较大，-10 cm 之后趋于平缓，峰值出现在-3 cm，-6 cm 处。

Al-P 和 Fe-P 均未检出。

Ca-P 含量在 608.66～979.19 mg/kg 之间波动，平均含量为 797.76 mg/kg，占 TIP 的 66.59%。Ca-P 从沉积物-水界面到-9 cm 间逐渐增大，之后减小，在-12 cm 达到最小值 608.66 mg/kg，-20 cm 至-12 cm 又逐渐增大，-22 cm 之后逐渐减小，在-9 cm，-20 cm 处出现峰值。

TIP 的含量在 932.41～1526.95 mg/kg 之间波动，平均含量为 1197.95 mg/kg，占 TP 的 66.73%。从-10～0 cm，TIP 的波动较大，最大值出现在 -7 cm；-10 cm 后波动较小，呈现逐渐增大的趋势，从-22 cm 开始逐渐降低。

Res-P 在本书中是指有机磷与难提取的磷的总和，都属于生物较难利用的磷，它的含量在 132.93～1084.58 mg/kg 之间波动，平均含量为 609.00 mg/kg，占 TP 的 33.92%。Res-P 总体上是呈现出随深度增大而减小的趋势。

TP 的含量在 1312.54～2329.95 mg/kg 之间，平均含量为 1795.25 mg/kg。TP 总体呈现先减小后增加的趋势，最大值出现在-3 cm 处，最小值出现在-15 cm 处。

含水率在 26.63%～44.18% 波动，平均含量为 33.73%；TVS 在 10.99%～26.08% 之间波动，平均含量为 18.44%；含水率和 TVS 都是随着深度增加而减小的。

(2) 讨论。

夏季金堂段可交换态磷 Exc-P 占总无机磷的比例很小，仅占 0.9%，但是由于风浪以及底栖生物等的搅动，这部分磷容易从沉积物中释放出来，被水生生物吸收利用。Exc-P 与 Res-P、TP、含水率、总有机质、pH 值、S^{2-} 都有很明显的相关性（0.64，0.65，0.43，0.74，0.39，0.56），说明影响可交换态磷含量变化的因素很多。间隙水中 SRP 与 Exc-P 呈现正相关，相关系数为 0.59，说明间隙水中的 SRP 与沉积物中的 Exc-P 在垂向分布上相互影响。Exc-P 在沉积物上层含量波动较大，-10 cm 之后趋于平缓，推测可能由于沉积物上层含水率较高，与间隙水及上覆水之间的相互交换比较频繁。Exc-P 与含水率的相关系数（$r = 0.74$）也可以说明两者之间密切相关，说明水作为沉积物与上覆水以及不同层面的沉积物之间交换的介质对磷的形态分布的作用是不可忽视的。

从 Exc-P 与 S^{2-} 的相关系数为 0.56,可以推测还原环境下由 Al-P 和 Fe-P 释放出来的磷一部分进入到间隙水中,而另一部分可能又被重吸附于一些沉积物颗粒表面而形成可交换态 Exc-P。

夏季金堂段 Al-P,Fe-P 均未被检出。由于 Al-P 和 Fe-P 都属于氧化还原敏感态磷,其会因为氧化还原环境的改变而释放,属于生物可利用磷。推测由于河水的流动性相对湖泊、海洋等较好,并且沱江流域打沙作业的比较多,沉积物中的氧化还原状态比较容易改变,造成了 Al-P,Fe-P 从沉积物向间隙水的释放,而由前面间隙水中溶解性铁的含量较高可以进一步说明 Al-P,Fe-P 未被检出的原因。

沉积物中的 Ca-P 通常被认为是生物难利用的磷,主要来源于碎屑岩并有自生源,后者与钙磷酸盐化合物的形成或者与碳酸钙共沉淀的磷有关[6]。Ca-P 是 TIP 的主要组成部分,占 TIP 的 66.59%。那么如此高的 Ca-P 含量,可以推测这可能与沱江沉积物的性质和组分有关。由于 Ca-P 较难被生物利用,其剖面可以间接地反映磷在历史时期的污染程度。Ca-P 除了与 TP 相关系数为 0.31 外,与其他各形态的磷含量均没有什么相关性。

夏季金堂段沉积物中总有机磷未被检出。李军[7]在研究太湖五里湖沉积物中不同形态磷的分布时发现,沉积物中没有无机磷和有机磷时,还可以发现少量有机碳存在,说明有机质降解时有机磷的优先释放。可推测夏季金堂段沉积物中的有机磷由于有机质矿化,细菌的分解作用已经从沉积物中以无机磷的形式释放出来。

Res-P 是难提取磷,由 TP 与 TOP、TIP 的差减而得,这部分磷是很难被释放出沉积物的,由于磷的埋藏作用而暂时退出磷的生物地球化学循环,因此其对环境造成的影响比较小。由 Res-P 与 TP、TVS、含水率的相关系数分别为 0.88,0.43,0.68,可以说明 Res-P 与总有机质和含水率的含量密切相关。

5.3.1.2 冬季沉积物中各磷形态及 TVS、含水率的垂向分布结果

冬季沱江流域金堂段沉积物中各磷形态及 TVS、含水率的垂向分布结果见表 5-9,相关系数见表 5-10,分布行为见图 5-11。

表 5-9 冬季沱江流域金堂段沉积物中各磷形态及 TVS、含水率的垂向分布结果

深度/cm	Exc-P/(mg·kg^{-1})	Al-P/(mg·kg^{-1})	Ca-P/(mg·kg^{-1})	TIP/(mg·kg^{-1})	Res-P/(mg·kg^{-1})	TP/(mg·kg^{-1})	TVS	Moisture
0	41.31	7.12	1137.39	1463.21	442.18	1905.39	12.12%	54.86%

表 5-9（续）

深度 /cm	Exc-P /(mg·kg⁻¹)	Al-P /(mg·kg⁻¹)	Ca-P /(mg·kg⁻¹)	TIP /(mg·kg⁻¹)	Res-P /(mg·kg⁻¹)	TP /(mg·kg⁻¹)	TVS	Moisture
-1	32.35	3.91	1127.83	1277.36	625.57	1902.93	—	41.09%
-2	24.85	4.97	1234.55	1318.40	625.28	1943.68	11.07%	40.67%
-3	23.07	4.23	1060.07	1425.43	440.78	1866.21	11.88%	40.42%
-4	21.08	4.89	1144.62	1330.22	898.11	2228.33	11.95%	40.33%
-5	36.22	4.81	1184.49	1349.11	256.45	1605.56	12.09%	40.17%
-6	—	—	—	—	—	—	11.07%	37.47%
-7	19.28	4.06	1025.97	1183.76	488.65	1672.41	9.80%	33.93%
-8	25.17	4.79	1122.41	1321.99	718.05	2040.04	10.89%	38.93%
-10	17.44	3.31	1008.83	1148.12	616.31	1764.42	8.67%	29.60%
-11	24.59	0.72	1061.86	1186.45	514.22	1700.67	7.48%	32.98%
-12	22.12	3.07	1061.01	1229.24	380.94	1610.18	17.89%	33.43%
-13	18.19	8.09	927.38	1090.63	482.70	1573.32	7.09%	27.44%
-14	14.58	8.63	791.39	1145.73	373.91	1519.64	9.26%	31.40%
-15	16.33	8.02	840.91	991.82	499.14	1490.96	9.97%	32.09%
-16	16.32	6.38	974.26	1011.53	513.62	1525.15	10.83%	29.11%
-17	13.70	2.39	1127.92	1118.41	439.98	1558.39	10.65%	29.48%
-18	15.14	3.03	1144.03	1221.72	455.21	1676.93	10.67%	28.38%
-19	13.27	6.69	1201.26	1272.77	457.87	1730.63	14.07%	31.13%
-20	13.25	4.08	1201.63	1208.36	474.74	1683.10	12.21%	27.93%
-21	11.98	4.83	1275.59	1279.50	495.83	1775.33	11.84%	29.14%
-22	13.83	4.63	1379.90	1435.40	439.06	1874.46	14.05%	33.24%
-23	19.30	3.86	1271.33	1305.51	487.59	1793.10	13.73%	33.50%
-24	11.38	0.54	1194.60	1121.01	467.32	1588.33	13.11%	31.86%

第5章 沱江流域沉积物-水界面磷的赋存形态及迁移化特征

表5-10 冬季沱江流域金堂段沉积物中各磷形态与其他参数相关系数研究结果

	Exc-P	Al-P	Ca-P	TIP	Res-P	TP	TVS	Moisture	SRP	SUP	TDP	Fe	Mn	pH值
Exc-P	1													
Al-P	0.082	1												
Ca-P	0.032	−0.44	1											
TIP	0.52	−0.065	0.64	1										
Res-P	0.012	−0.060	0.059	0.053	1									
TP	0.36	−0.087	0.48	0.72	0.73	1								
TVS	0.010	−0.17	0.54	0.43	−0.20	0.16	1							
Moisture	0.86	0.12	0.17	0.69	0.17	0.59	0.18	1						
SRP	0.034	−0.001	0.61	0.52	0.040	0.34	0.41	0.11	1					
SUP	−0.36	−0.64	0.44	0.065	−0.43	−0.26	0.26	−0.16	0.39	1				
TDP	−0.034	−0.12	0.68	0.52	−0.048	0.28	0.42	0.070	0.98	0.56	1			
Fe	−0.22	0.46	−0.59	−0.66	0.015	−0.58	−0.16	−0.21	−0.19	−0.21	−0.21	1		
Mn	0.37	0.31	−0.53	−0.19	0.17	−0.015	−0.20	0.38	−0.094	−0.28	−0.14	0.62	1	
pH值	0.17	0.40	0.25	0.36	−0.13	0.12	−0.073	0.10	0.23	0.060	0.22	0.12	−0.54	1

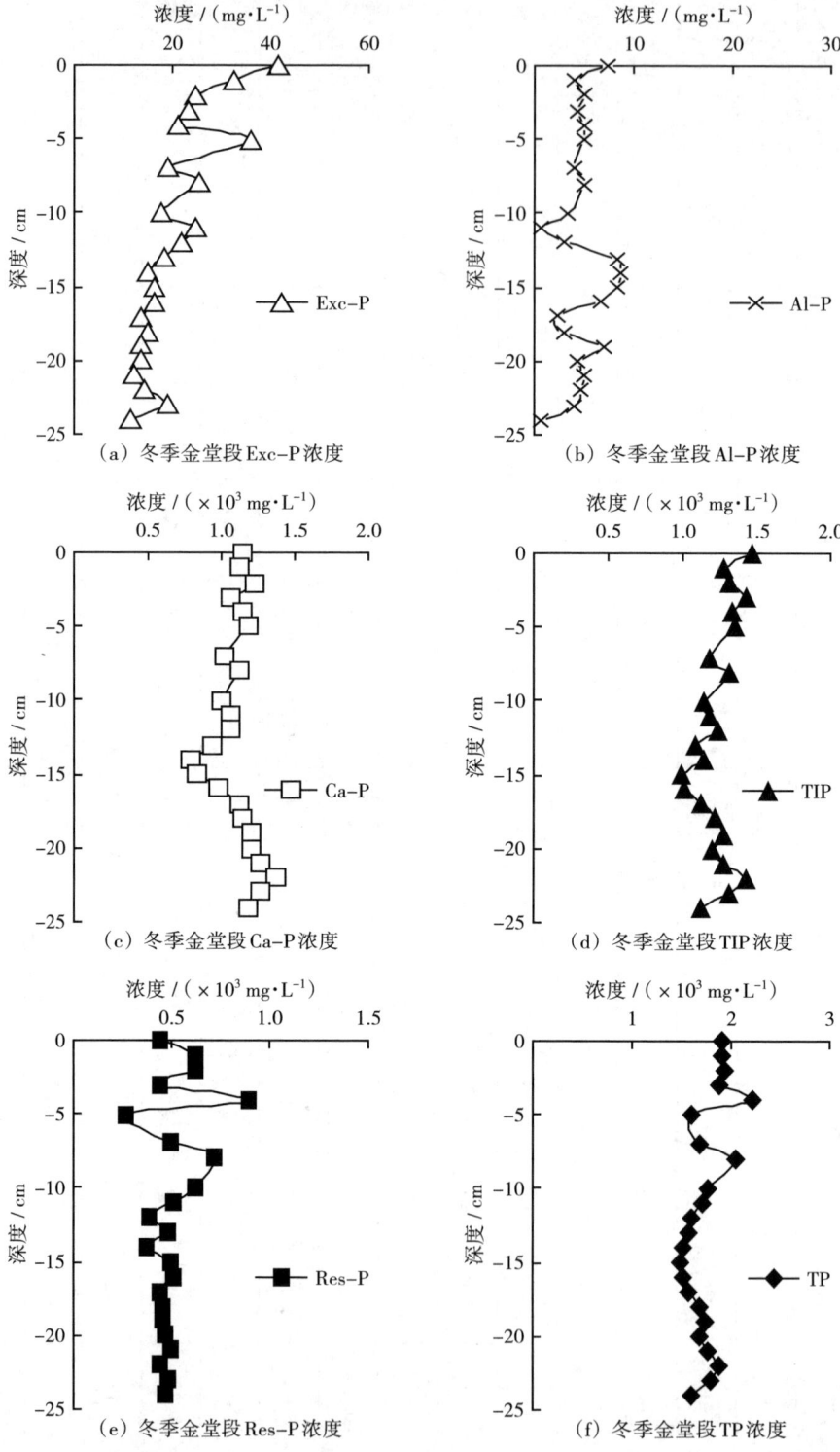

(a) 冬季金堂段 Exc-P 浓度　　(b) 冬季金堂段 Al-P 浓度

(c) 冬季金堂段 Ca-P 浓度　　(d) 冬季金堂段 TIP 浓度

(e) 冬季金堂段 Res-P 浓度　　(f) 冬季金堂段 TP 浓度

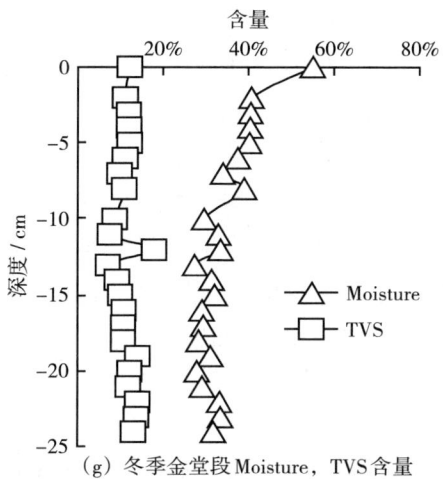

（g）冬季金堂段Moisture，TVS含量

图5-11　冬季沱江流域金堂段沉积物中各形态磷及含水率、TVS垂向分布特征

（1）结果描述。

由图5-11可见，Exc-P含量在11.38～41.31 mg/kg之间波动，平均含量为20.21 mg/kg，占TIP的1.6%。随着深度的增加，Exc-P总体呈现出减小的趋势，沉积物-水界面的含量最大，其次是在-5 cm处也出现一峰值。

Al-P含量在0.54～8.63 mg/kg之间波动，平均值为4.65 mg/kg，占TIP的0.37%。Al-P总体波动幅度不大，在-15～-13 cm含量突然升高，于-14 cm处达到最大值8.63 mg/kg。

Fe-P未检出。

Ca-P是TIP的主要组成部分，占TIP的89.67%，其含量在791.39～1379.90 mg/kg之间波动，平均含量为1108.66 mg/kg。Ca-P随着深度的增加逐渐减小，在-14 cm处达到最小值后再逐渐增大。

TIP含量在991.82～1463.21 mg/kg之间波动，平均含量为1236.33 mg/kg，占TP的71.04%。TIP随着深度的增加，先逐渐减小，在-15 cm处达到最小值后又逐渐增高。

Res-P含量在256.45～898.11 mg/kg之间波动，平均含量为504.06 mg/kg，占TP的28.96%。Res-P在-15 cm以上波动较大，之后变化比较平稳。

TP含量在1490.96～2228.33 mg/kg之间波动，平均含量为1740.40 mg/kg。

含水率在27.44%～54.86%之间波动，平均含水率为34.52%；TVS在7.09%～17.89%之间波动，平均含量为11.41%。含水率随着深度的增加而减小，TVS随深度变化不大，在-12 cm处达到最大，为17.89%。

（2）讨论。

冬季金堂段各磷形态的含量除了 Res-P 与 TP 的含量略低于夏季，其他各形态的磷均高于夏季沉积物中磷的含量。Exc-P 仅占 TIP 的 1.6%，其垂向分布特征也是上层波动较大，含量高于下层，这与含水率有密切的关系（$r = 0.74$）。Exc-P 与 SRP 的相关系数为 0.034，推测间隙水中 SRP 与 Exc-P 的释放作用没有多大的关系，跟前面间隙水中分析的间隙水中的磷主要来源于外源污染相互佐证。如果将夏季沉积物中各磷形态的含量作为金堂段的本底值参考，可以进一步推测由于外源污染引起的间隙水中较高含量的磷已经进入到沉积物中磷的地球化学循环中。

5.3.2 简阳段沉积物中各磷形态及 TVS、含水率的垂向分布特征

5.3.2.1 夏季沉积物中各磷形态及 TVS、含水率的垂向分布结果

夏季沱江流域简阳段沉积物中各磷形态及 TVS、含水率的垂向分布结果见表 5-11，相关系数见表 5-12，分布行为见图 5-12。

表 5-11 夏季沱江流域简阳段沉积物中各磷形态及 TVS、含水率的垂向分布结果

深度/cm	Exc-P /(mg·kg^{-1})	Al-P /(mg·kg^{-1})	Fe-P /(mg·kg^{-1})	Ca-P /(mg·kg^{-1})	TIP /(mg·kg^{-1})	Res-P /(mg·kg^{-1})	TP /(mg·kg^{-1})	TVS	Moisture
0	26.90	2.28	0.22	475.53	1008.44	201.70	1210.15	13.17%	36.70%
−1	42.12	4.43	0.019	384.08	1018.94	222.58	1241.52	13.38%	35.50%
−2	54.31	3.22	0.020	495.02	1012.33	219.83	1232.16	11.75%	33.72%
−3	45.12	2.02	0.57	693.85	1027.67	198.33	1226.00	11.36%	33.16%
−4	39.16	2.18	0.019	419.50	1283.20	—	—	12.91%	32.29%
−5	34.00	4.04	—	605.10	1023.33	176.15	1199.48	14.23%	32.32%
−6	44.12	3.99	—	504.10	—	—	—	14.43%	33.53%
−7	45.29	4.25	0.41	454.47	970.73	374.14	1344.87	14.11%	33.25%
−8	39.17	3.35	0.019	507.11	1025.12	319.57	1344.69	12.23%	33.66%
−9	36.15	2.61	—	478.01	991.75	249.81	1241.56	13.59%	32.53%

表 5-11（续）

深度/cm	Exc-P /(mg·kg⁻¹)	Al-P /(mg·kg⁻¹)	Fe-P /(mg·kg⁻¹)	Ca-P /(mg·kg⁻¹)	TIP /(mg·kg⁻¹)	Res-P /(mg·kg⁻¹)	TP /(mg·kg⁻¹)	TVS	Moisture
-10	17.11	—	0.019	—	922.77	193.15	1115.92	11.43%	30.02%
-11	32.17	—	0.019	545.48	1101.56	219.72	1321.28	12.79%	33.93%
-12	34.64	—	0.39	760.33	915.07	197.81	1112.88	11.05%	28.39%
-13	24.80	4.23	0.20	602.99	1032.77	247.60	1280.37	19.69%	33.88%
-14	14.77	—	—	431.44	949.22	174.29	1123.51	11.69%	32.08%
-15	13.56	3.98	0.42	536.51	962.15	194.74	1156.89	11.51%	30.86%
-16	—	—	—	—	—	—	—	14.93%	32.32%
-17	22.15	—	—	726.58	1140.31	339.99	1480.30	14.19%	34.20%
-18	28.67	5.39	0.63	736.58	1111.87	350.65	1462.51	15.00%	35.69%
-19	21.57	—	—	479.02	1098.42	261.29	1359.71	14.27%	33.84%
-20	21.39	4.70	0.020	610.07	997.81	287.75	1285.57	12.88%	33.72%
-21	31.35	—	0.019	575.94	981.14	291.29	1272.43	13.80%	35.28%

（1）结果描述。

由图 5-12 可见，Exc-P 含量在 13.56～54.31 mg/kg 之间波动，平均含量为 31.83 mg/kg，占 TIP 的 3.09%。随着深度的增加，Exc-P 总体呈现先增加后减小的趋势，在-2 cm 处达到最大值 54.31 mg/kg。

Al-P 含量变化不大，在 1.65～5.39 mg/kg 之间波动，平均值为 3.49 mg/kg，占 TIP 的 0.34%。Al-P 总体呈现出增加的趋势，在-1 cm 和-18 cm 处出现两个峰值。

Fe-P 含量很低，在 0.02～0.63 mg/kg 之间波动，平均值为 0.20 mg/kg，占 TIP 的 0.02%。其在沉积物的下层含量略高于上层。

Ca-P 是 TIP 的主要组成部分，占 TIP 的 53.57%，其含量在 384.08～760.33 mg/kg 之间波动，平均含量为 551.07 mg/kg。

表5-12 夏季沱江流域简阳段沉积物中各磷形态与其他参数相关系数研究结果

	Exc-P	Al-P	Fe-P	Ca-P	TIP	Res-P	TP	TVS	Moisture	SRP	SUP	TDP	Fe	Mn
Exc-P	1													
Al-P	-0.31	1												
Fe-P	-0.033	0.15	1											
Ca-P	-0.16	0.29	0.60	1										
TIP	0.14	-0.23	-0.12	-0.048	1									
Res-P	0.15	0.49	0.14	0.16	0.43	1								
TP	0.11	0.53	0.15	0.24	0.85	0.84	1							
TVS	-0.060	0.42	0.045	0.070	0.28	0.37	0.48	1						
Moisture	0.17	0.16	-0.11	-0.19	0.35	0.42	0.61	0.41	1					
SRP	0.62	-0.42	-0.007	-0.47	-0.10	-0.040	-0.16	-0.18	0.31	1				
SUP	-0.53	0.47	-0.22	0.27	-0.044	0.17	0.22	-0.059	-0.058	-0.68	1			
TDP	-0.34	0.30	-0.32	0.11	-0.093	0.20	0.20	-0.18	0.087	-0.32	0.91	1		
Fe	0.27	0.045	0.25	0.007	-0.33	0.18	-0.12	-0.13	-0.15	0.23	-0.16	-0.066	1	
Mn	-0.61	0.025	0.038	-0.020	-0.43	-0.37	-0.42	-0.40	-0.32	-0.51	0.50	0.32	0.50	1

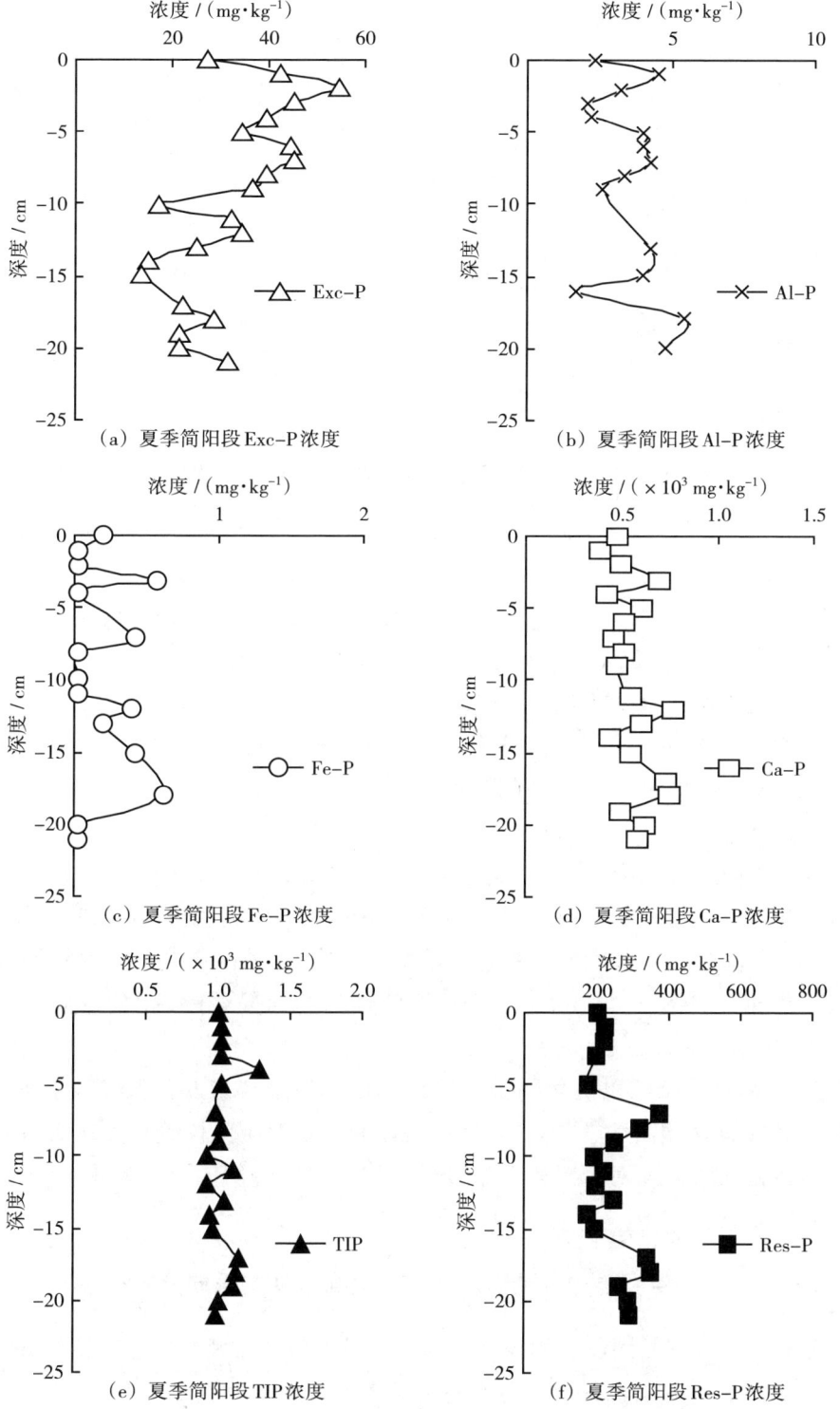

(a) 夏季简阳段 Exc-P 浓度
(b) 夏季简阳段 Al-P 浓度
(c) 夏季简阳段 Fe-P 浓度
(d) 夏季简阳段 Ca-P 浓度
(e) 夏季简阳段 TIP 浓度
(f) 夏季简阳段 Res-P 浓度

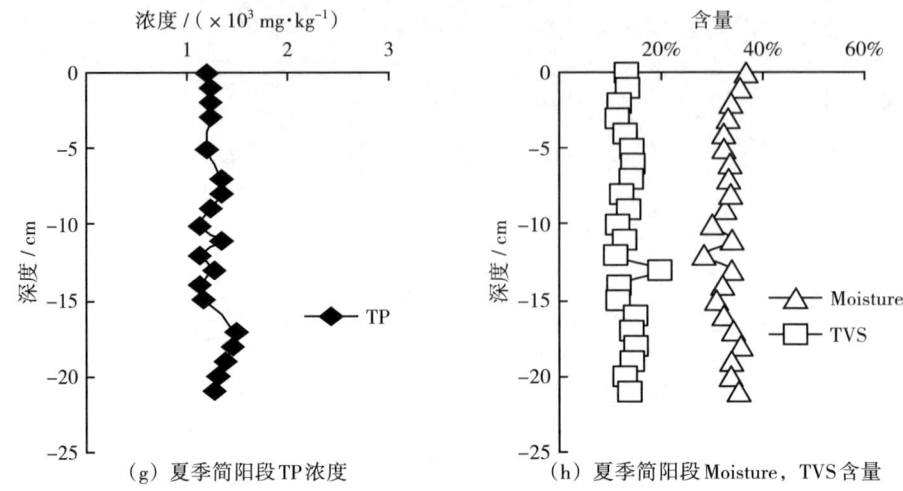

(g) 夏季简阳段TP浓度　　　　　（h) 夏季简阳段Moisture，TVS含量

图5-12　夏季沱江流域简阳段沉积物中各形态磷及TVS、含水率垂向分布特征

TIP含量在915.07～1283.20 mg/kg之间波动，平均含量为1028.73 mg/kg，占TP的81.40%；Res-P含量在174.29～374.14 mg/kg之间波动，平均含量为248.44 mg/kg，占TP的19.66%；TP含量在1112.88～1480.30 mg/kg之间波动，平均含量为1263.78 mg/kg；TIP与TP的变化趋势基本相同。

沉积物含水率在28.39%～36.70%之间波动，平均含水率为33.22%；TVS在11.05%～19.69%之间波动，平均含量为13.29%。含水率和TVS的总体变化随深度的增加不太明显，波动范围比较小。

（2）讨论。

夏季简阳段沉积物中Exc-P与间隙水中SRP表现出明显正相关关系，相关系数为0.62；而与SUP表现出较大的负相关关系，相关系数为-0.53；说明可交换态磷与间隙水中各磷形态的含量是相互影响的。Exc-P与溶解性锰的含量呈现出负相关关系（$r = -0.61$），表明溶解性锰的含量对Exc-P的垂向分布起着一定的作用。

Fe-P在夏季简阳段沉积物中能被检测出，但是含量非常低，仅占TIP的0.02%，它的释放潜力比较小，对环境潜在的污染效应比较低。由前面间隙水中溶解性铁的浓度相对金堂段含量较低，也可以解释简阳段沉积物中Fe-P能被检测出的原因。

5.3.2.2　冬季沉积物中各磷形态及TVS、含水率的垂向分布结果

冬季沱江流域简阳段沉积物中各磷形态及TVS、含水率的垂向分布结果见表5-13，相关系数见表5-14，分布行为见图5-13。

表5-13 冬季沱江流域简阳段沉积物中各磷形态及TVS、含水率的垂向分布结果

深度/cm	Exc-P /(mg·kg^{-1})	Al-P /(mg·kg^{-1})	Fe-P /(mg·kg^{-1})	Ca-P /(mg·kg^{-1})	TIP /(mg·kg^{-1})	Res-P /(mg·kg^{-1})	TP /(mg·kg^{-1})	TVS	Moisture
0	19.36	2.88	0.26	717.70	932.32	128.80	1061.12	10.33%	36.82%
-1	17.06	1.84	0.26	740.12	1103.15	—	—	11.60%	35.40%
-2	17.55	3.15	0.46	771.32	969.70	131.55	1101.24	10.04%	34.46%
-3	17.34	3.72	0.48	781.15	1210.53	—	—	11.46%	35.27%
-4	19.06	3.63	0.47	762.99	867.07	197.74	1064.81	11.14%	34.58%
-5	19.50	2.74	0.041	793.76	1016.98	87.09	1104.06	10.72%	32.51%
-6	18.44	3.33	0.24	750.50	937.45	107.66	1045.11	—	28.99%
-7	18.99	3.62	0.040	790.63	978.97	120.85	1099.82	—	32.62%
-8	18.09	3.26	0.041	804.12	1050.61	90.47	1141.08	7.69%	34.80%
-9	16.90	3.04	0.23	743.07	1048.65	32.04	1080.69	10.59%	33.72%
-10	18.06	5.37	—	803.54	1000.00	—	—	6.57%	39.05%
-11	16.92	3.56	0.036	728.24	809.49	109.26	918.75	8.48%	27.17%
-12	15.20	3.08	0.038	651.17	861.40	146.75	1008.15	9.07%	31.75%
-13	14.01	3.91	0.044	787.70	997.93	168.97	1166.90	10.01%	36.94%
-14	17.12	5.22	0.046	914.37	1200.72	128.43	1329.15	10.57%	40.01%
-15	12.10	4.62	0.27	873.58	1102.66	168.02	1270.69	10.87%	39.56%
-16	10.71	6.14	0.043	860.58	1071.77	241.16	1312.93	10.59%	37.06%
-17	10.19	3.90	0.25	737.28	1024.64	77.26	1101.90	10.46%	35.21%
-18	11.47	2.60	0.25	809.51	979.31	129.34	1108.65	10.11%	34.14%
-19	11.79	1.65	0.26	832.47	978.21	113.69	1091.90	2.52%	36.95%
-20	10.64	0.83	0.47	665.77	857.53	138.62	996.15	12.36%	34.22%
-21	9.00	0.40	0.24	617.59	778.41	66.56	844.97	0.00	31.63%

表5-14 冬季沱江流域简阳段沉积物中各磷形态与其他参数相关系数研究结果

	Exc-P	Al-P	Fe-P	Ca-P	TIP	Res-P	TP	TVS	Moisture	SRP	SUP	TDP	Fe	Mn
Exc-P	1													
Al-P	0.23	1												
Fe-P	-0.089	-0.36	1											
Ca-P	0.13	0.68	-0.23	1										
TIP	0.16	0.51	-0.048	0.72	1									
Res-P	-0.11	0.52	0.039	0.35	0.085	1								
TP	0.029	0.79	-0.25	0.89	0.92	0.48	1							
TVS	0.32	0.36	0.16	0.22	0.41	0.35	0.47	1						
Moisture	-0.14	0.42	0.11	0.61	0.62	0.38	0.77	0.15	1					
SRP	0.24	0.14	0.30	-0.14	0.20	-0.54	-0.14	0.026	0.18	1				
SUP	0.040	-0.53	-0.056	-0.36	-0.25	-0.16	-0.35	-0.22	-0.17	-0.19	1			
TDP	0.22	-0.33	0.14	-0.38	-0.054	-0.45	-0.39	-0.14	-0.007	0.58	0.69	1		
Fe	0.22	-0.31	0.17	-0.41	0.28	-0.54	-0.23	0.39	0.014	0.55	-0.017	0.50	1	
Mn	-0.54	-0.52	0.23	-0.20	-0.42	0.25	-0.23	-0.074	-0.047	-0.34	0.13	-0.14	-0.015	1

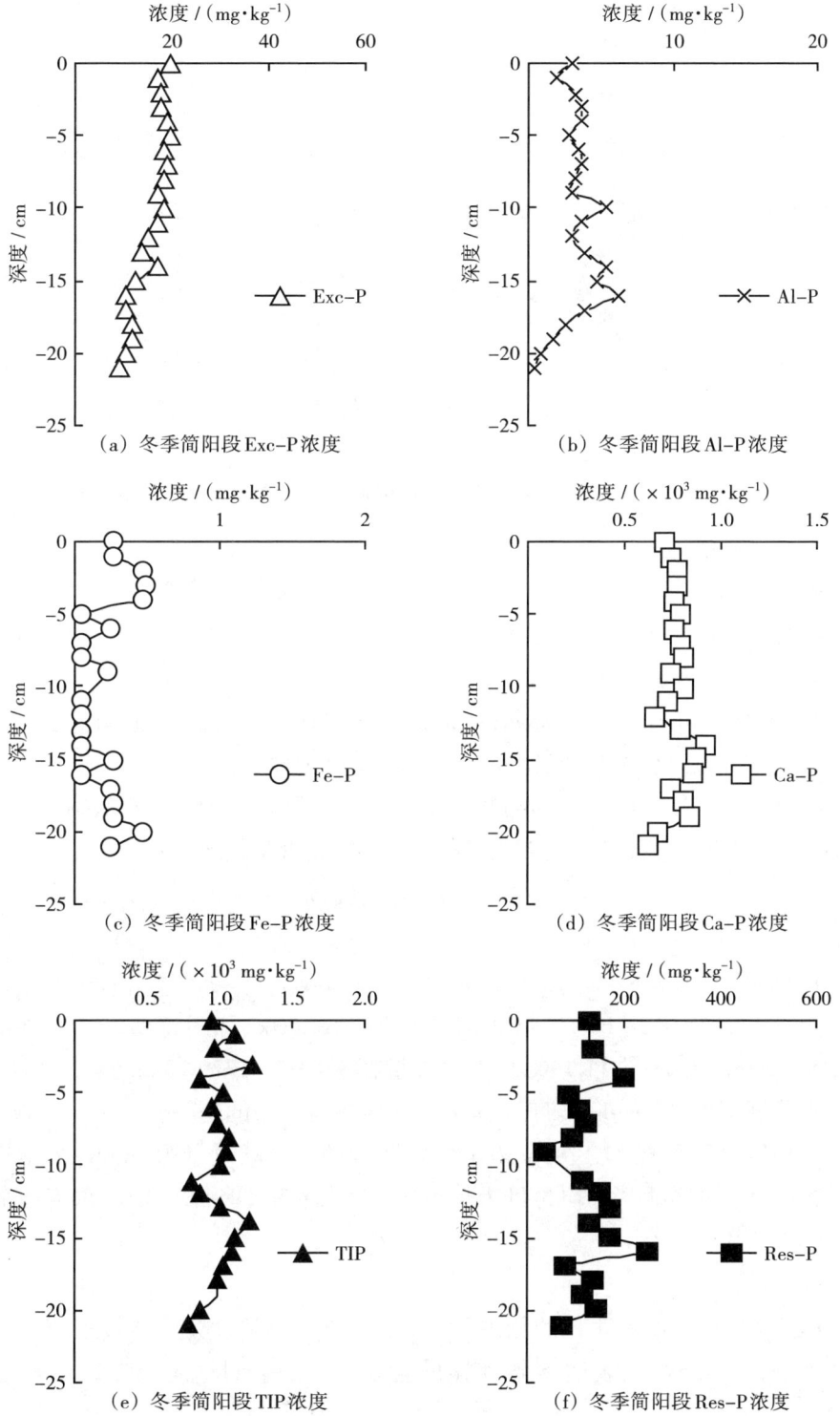

(a) 冬季简阳段 Exc-P 浓度
(b) 冬季简阳段 Al-P 浓度
(c) 冬季简阳段 Fe-P 浓度
(d) 冬季简阳段 Ca-P 浓度
(e) 冬季简阳段 TIP 浓度
(f) 冬季简阳段 Res-P 浓度

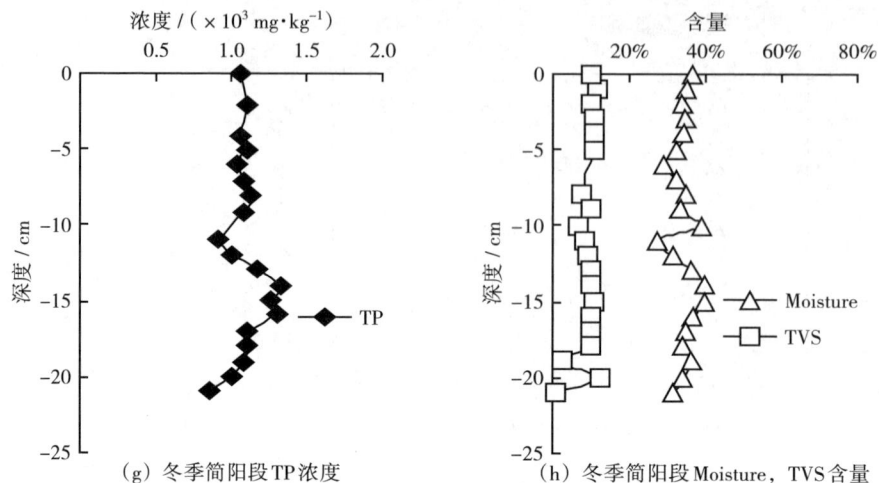

(g) 冬季简阳段 TP 浓度　　　　　　(h) 冬季简阳段 Moisture，TVS 含量

图 5-13　冬季简阳段沉积物中各形态磷及 TVS、含水率垂向分布特征

(1) 结果描述。

由图 5-13 可见，Exc-P 含量在 9.00~19.50 mg/kg 之间波动，平均含量为 15.43 mg/kg，占 TIP 的 1.56%。Exc-P 含量随着深度的增加而减小，峰值出现在 -5 cm，-21 cm 处含量最小。

Al-P 含量在 0.40~6.14 mg/kg 之间波动，平均含量为 3.30 mg/kg，占 TIP 的 0.33%。其随着深度先增加后减小，在 -16 cm 处出现峰值。

Fe-P 含量在 0.036~0.48 mg/kg 之间波动，平均含量为 0.21 mg/kg，占 TIP 的 0.02%。其随着深度先增加后减小，-4~-2 cm 含量最大。

Ca-P 含量在 617.59~914.37 mg/kg 之间波动，平均含量为 769.87 mg/kg，占 TIP 的 77.77%。

TIP 的含量在 778.41~1210.53 mg/kg 之间波动，平均含量为 989.89 mg/kg，占 TP 的 90.21%。Res-P 的含量在 32.04~241.16 mg/kg 之间波动，平均含量为 125.49 mg/kg，占 TP 的 11.44%。TP 的含量在 844.97~1329.15 mg/kg 之间波动，平均含量为 1097.27 mg/kg。TP 总体呈现先增加后减小的趋势。

沉积物含水率在 27.17%~40.01% 之间波动，平均含量为 34.68%；TVS 在 0~12.36% 之间波动，平均含量为 9.26%；含水率和 TVS 都是随着深度增加而减小的。

(2) 讨论。

Exc-P 与 SRP 没有明显的相关关系，Exc-P 与溶解性锰的含量呈现出负相关关系（$r = -0.54$），表明溶解性锰的含量对 Exc-P 的垂向分布起着一定的作用。

Fe-P 的含量在沉积物上层比较高,由于沉积物上层为相对氧化环境,溶解性铁在被氧化的同时会结合部分 PO_4^{3-} 形成 Fe-P 而进入沉积物,因此上层含量较高。Fe-P 与 SRP 的相关系数为 0.30,推测间隙水中 SRP 部分来源于沉积物中 Fe-P 的释放,与前面间隙水的分析相互印证。

5.4 沱江流域夏冬两季两地沉积物中生物可利用磷（BAP）的垂向分布特征

沱江流域夏冬两季两地沉积物中 BAP 的垂向分布行为见图 5-14。

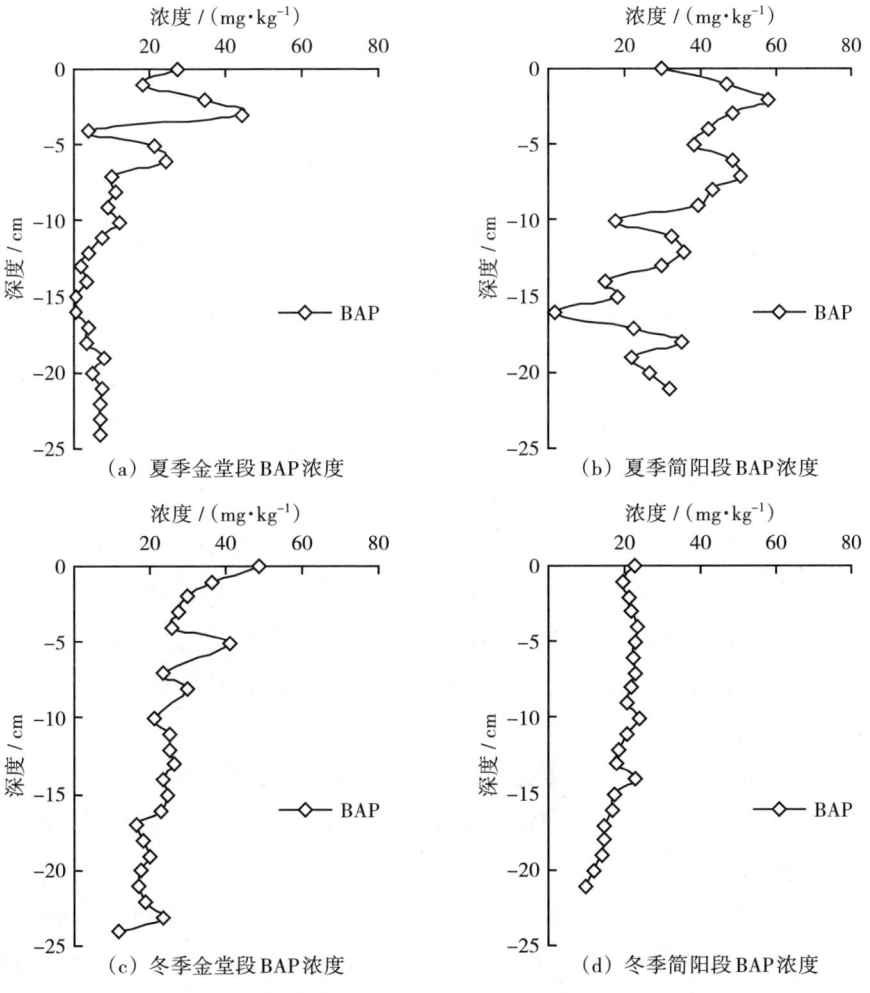

图 5-14 沱江流域夏冬两季两地沉积物中 BAP 垂向分布特征

沉积物中各形态磷对生物可利用性的贡献有所不同，而BAP在预测河口潜在生态环境风险时具有重要的指导意义。夏季金堂段的BAP平均含量为10.94 mg/kg，占沉积物中总磷的0.61%，冬季金堂段的BAP平均含量为24.86 mg/kg，占TP的1.43%；夏季简阳段BAP的平均含量为32.90 mg/kg，占TP的2.60%，冬季简阳段BAP的平均含量为18.93 mg/kg，占TP含量的1.73%。

从垂向分布特征来看，BAP含量基本都是随着深度的增加而呈降低趋势。说明随着深度的增加，生物可利用的磷的含量越来越少，BAP在沉积作用下向非活性磷转化，这与张路等[8]的研究得出的结论一致。

5.5 小　结

本书以夏冬两季沱江流域沉积物以及间隙水为研究对象，系统地研究了沱江流域在夏冬两季金堂、简阳段磷的不同赋存形态以及TDN/TDP、Fe和Mn的纵横向分布行为，并取得如下主要结论。

（1）在夏季金堂、简阳段间隙水中，Fe^{2+}，Mn^{2+}的间隙水剖面虽较为相似，均呈显著的正相关关系，但间隙水中Fe^{2+}，Mn^{2+}的含量表现为金堂段大于简阳段，且简阳段间隙水中Mn^{2+}含量高于Fe^{2+}；金堂段冬季间隙水中Fe^{2+}，Mn^{2+}呈显著的正相关关系，Fe^{2+}的含量高于Mn^{2+}。除沉积物-水界面外，由于地域、沉积物性质和人为影响的不同，表现出沉积物中氧化还原界面位置和强度变化，但间隙水中均存在着明显的氧化还原界面，从而主要决定着Fe^{2+}，Mn^{2+}的迁移。

（2）在上覆水中，夏冬两季两地溶解性磷主要以SRP的形式存在；金堂段夏季间隙水主要以SUP为主，冬季主要以SRP为主；简阳段夏冬两季均以SUP为主。影响溶解性磷出现此分布的原因较复杂，主要是微生物的降解作用，由Fe^{2+}，Mn^{2+}指示的氧化还原状态的改变、pH值、溶解氧以及温度等综合作用的结果。

（3）TDN/TDP在垂向分布上呈现出增大趋势；冬季金堂段上覆水中TDN/TDP的平均值为16.30，有潜在的暴发藻类生长的危机，从4月金堂段暴发水葫芦来看，跟氮磷的比值有着密切的关系。冬季金堂段间隙水中的TDN/TDP的平均值为42.78，而夏冬两季简阳段以及夏季金堂段的上覆水和间隙水中TDN/TDP是远远大于10的，沱江流域水体中磷是浮游植物等生长的主要的限制因子。

（4）沱江流域金堂和简阳段两季沉积物中的总磷均以无机磷为主，而无机磷主要是以 Ca-P 的形式存在。夏冬两季各形态磷基本遵循 TP > TIP > Ca-P > Res-P > Exc-P > Fe/Al-P 这一规律。TP，TIP，Res-P 的含量基本都是冬季小于夏季，Ca-P 的含量均是冬季大于夏季。

（5）虽然沉积物中总磷的含量比较大，但是 BAP 占总磷的比例是比较小的，仅占其 0.61%～3.59%，沉积物中能被生物利用的磷较少。BAP 的含量与间隙水中 SRP 的含量有着密切的关系，从 BAP 含量来看，夏季是简阳段大于金堂段，冬季是金堂段大于简阳段，这与间隙水中 SRP 的空间分布相同。从垂向分布特征来看，均是随着深度的增加而呈降低趋势，说明随着深度的增加，生物可利用的磷的含量越来越少，BAP 在沉积作用下向非活性磷转化。

5.6 参考文献

[1] 吴怡. 沱江流域沉积物-水界面氮的赋存形态及环境的地球化学研究[D]. 成都：成都理工大学，2007.

[2] 翁焕新，刘云峰. 滨海沉积物和间隙水中的磷研究：以美国墨西哥湾为例[J]. 环境科学学报，1997，17（2）：148-153.

[3] 高丽，杨浩，周健民. 湖泊沉积物中磷释放的研究进展[J]. 土壤，2004，36（1）：12-15.

[4] 金相灿，王圣瑞，庞燕. 太湖沉积物磷形态及 pH 值对磷释放的影响[J]. 中国环境科学，2004，24（6）：707-711.

[5] 冯峰. 沉积物中碳氮磷形态含量、微生物量的垂向分布及其相关性研究[D]. 武汉：中国科学院水生生物研究所，2006.

[6] 王琦，姜霞，金相灿，等. 太湖不同营养水平湖区沉积物磷形态与生物可利用磷的分布及相互关系[J]. 湖泊科学，2006，18（2）：120-126.

[7] 李军，刘丛强，王仕禄，等. 太湖五里湖表层沉积物中不同形态磷的分布特征[J]. 矿物学报，2004，24（4）：405-410.

[8] 张路，范成新，朱广伟，等. 长江中下游湖泊沉积物生物可利用磷分布特征[J]. 湖泊科学，2006，18（1）：36-42.

第6章　沱江流域简阳段水环境中磷赋存形态及其时空变化特征

本章中沉积物−水界面磷的赋存形态的数据来源于2017年冬季第二次采样的实验数据。

◆ 6.1　磷的赋存形态及各参数的垂向分布特征及相关性分析

6.1.1　间隙水中磷的赋存形态及pH值、DOC的垂向分布特征

间隙水中磷的赋存形态以及pH值、DOC的垂向分布如图6-1所示。由图6-1可见，简阳段间隙水中TDP的浓度为0.056～3.280 mg/L，平均浓度为0.910 mg/L。随着深度的增加，TDP出现总体增大的趋势。

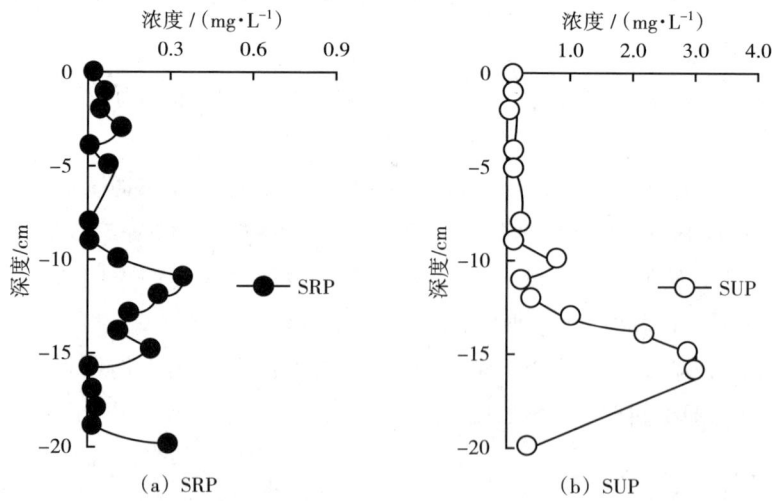

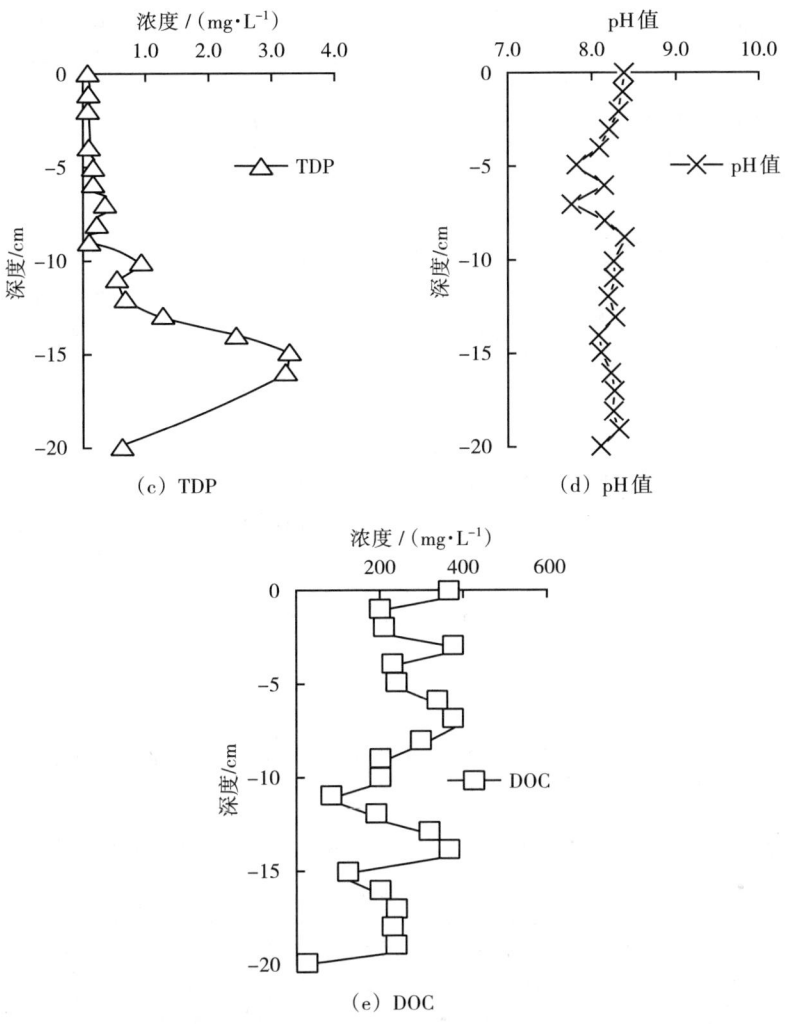

图 6-1　简阳段间隙水中磷赋存状态及 pH 值、DOC 的垂向分布

SRP 浓度为 0.004~0.360 mg/L，平均浓度为 0.120 mg/L，占间隙水 TDP 平均含量的 13.090%。随着深度的增加，SRP 出现先总体增加再逐渐减小的趋势，这与潘延安等[25]对重庆市园博园龙景湖沉积物间隙水中磷酸盐的分布特征研究结果相似，这主要归因于沉积物-水界面铁与磷的耦合关系[26]，即表层沉积物相对处于氧化环境，间隙水中溶解性 Fe^{2+} 容易被氧化为 Fe^{3+}，生成的 $Fe(OH)_3$ 铁在沉淀过程中可吸附间隙水中的磷酸盐导致 SRP 浓度较低；随着沉积物深度的增加，逐渐向还原环境转变，因 Fe^{3+} 的还原溶解而释放出磷酸盐导致间隙水中 SRP 的浓度增加。

SUP 浓度为 0.080~3.190 mg/L，平均浓度为 0.790 mg/L，占间隙水 TDP 平

均含量的 86.910%。SUP 为 TDP 的主要组成部分，且其随沉积物深度的变化趋势与 TDP 的变化相似，呈现总体增大的趋势。由图 6-1（a）(b) 可见，在沉积物-10 cm 至-16 cm 深度，SRP 与 SUP 出现相反的垂向分布特征，这应该与深层沉积物中磷细菌数量减小，对 SUP 的分解能力减弱有关。研究结果表明[3-4]，无机磷与有机磷之间的转化行为跟磷细菌息息相关，且表层沉积物中磷细菌的数量一般高于深层沉积物中磷细菌的数量[5, 6]，与本研究结果反映的 SUP 呈现总体增大的垂向分布行为吻合。结合 SRP 与 SUP 的垂向行为特征分析，如果不考虑外源磷污染的输入，SRP 在-10 cm 以上主要受沉积物-水界面铁和磷的耦合作用影响较大，而-10 cm 以下主要受铁和磷的耦合作用与磷细菌对 SUP 的分解作用综合控制。

简阳段间隙水总体呈弱碱性，随深度的增加 pH 值在 7.79～8.42 内波动。

微生物对沉积物有机质的矿化作用产生的中间产物通常称为溶解性有机碳（DOC）[7]。由图 6-1（e）可见，DOC 浓度在 37.40～390.64 mg/L，其含量随着沉积物深度的增加总体出现减小的趋势，这与上层沉积物中易降解有机质的含量显著高于深层沉积物中的含量有关[8]。

6.1.2　沉积物中磷的赋存形态及 TVS、含水率的垂向分布特征

简阳段沉积物中各磷形态及 TVS、含水率垂向分布如图 6-2 所示。

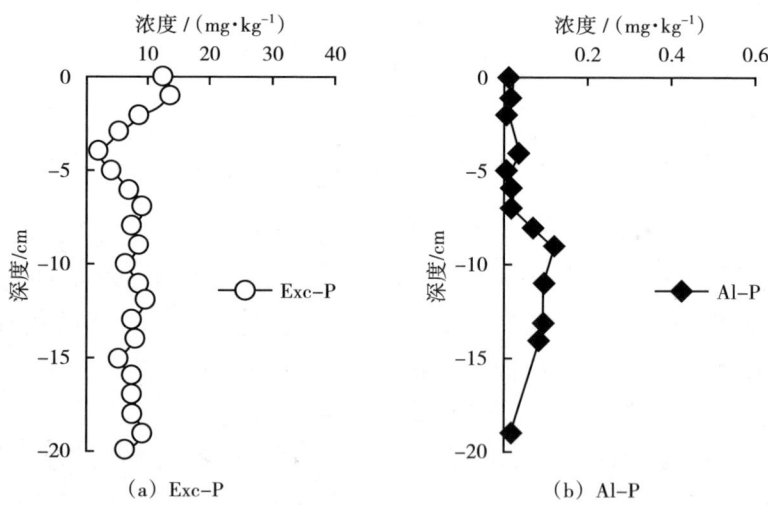

第6章 沱江流域简阳段水环境中磷赋存形态及其时空变化特征

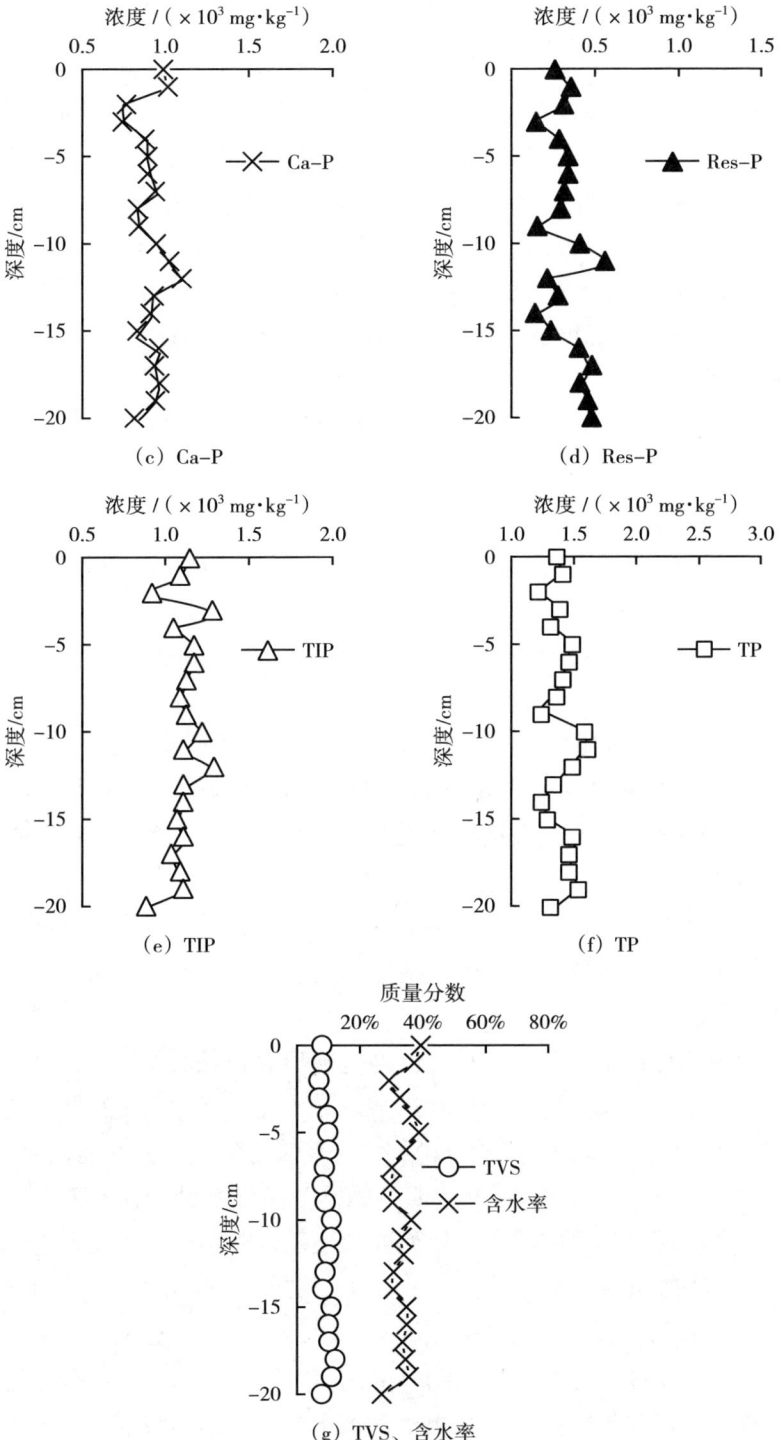

图 6-2 简阳段沉积物中磷赋存形态及 TVS、含水率的垂向分布

TP 的含量为 1235.40~1646.94 mg/kg，平均为 1435.21 mg/kg。TIP 的含量为 860.00~1318.59 mg/kg，平均为 1118.46 mg/kg。Ca-P 含量为 743.13~1109.91 mg/kg，平均为 917.11 mg/kg。随深度的增加，TP、TIP 和 Ca-P 的垂向分布特征相似，总体出现先增加后减小的趋势。Exc-P 含量为 1.35~14.10 mg/kg，平均为 7.60 mg/kg，随着深度的增加，Exc-P 总体呈现先减小后增加的趋势。Al-P 的含量为 0.007~0.270 mg/kg，平均为 0.068 mg/kg，总体呈现出上层含量低、下层含量高的趋势。Fe-P 未被检出。Res-P 的含量为 130.31~537.13 mg/kg，平均为 316.75 mg/kg。沉积物中各磷形态遵守 TP > TIP > Ca-P > Res-P > Exc-P > Al-P > Fe-P 的规律。

TVS 的含量为 6.71%~11.30%，含水率的含量为 29.23%~38.63%。TVS 和含水率随深度变化趋势不明显。

6.1.3 间隙水和沉积物中磷的赋存形态及各参数间的相关性分析

用 SPSS 软件对简阳段间隙水、沉积物中各磷形态及各参数进行相关性分析，可得表 6-1。

由表 6-1 可见，间隙水中 SRP 与 DOC 呈现显著负相关关系（$r = -0.563$，$P < 0.05$），表明水体中 DOC 含量越高，SRP 的含量越低。DOC 是沉积物有机质矿化过程的中间产物，其含量越高表明沉积物中有机质含量越高或有机质的矿化作用越强。研究结果表明[33]，由于沉积物有机质中的腐殖质能和铁铝等形成有机无机复合体，提供重要的磷酸盐吸附位点，增强沉积物对间隙水中磷酸盐的吸附作用从而导致间隙水中 SRP 的含量较低。DOC 也是影响 SRP 垂向分布的主要因素之一。

沉积物中 TP 与 Ca-P，Res-P，TIP 均呈现显著正相关关系（$r = 0.624$，$r = 0.605$，$P < 0.01$；$r = 0.475$，$P < 0.05$）。Exc-P 与间隙水中 pH 值呈显著正相关（$r = 0.449$，$P < 0.05$），说明简阳段间隙水中 pH 值的变化会影响沉积物中 Exc-P 的吸收和释放，已有研究结果[24]表明偏碱性的条件有助于铁/铝磷（Fe/Al-P）的释放，沱江流域简阳段间隙水总体偏碱性预示着铁铝磷向可交换态磷的有效转化。Exc-P 与 Ca-P 呈显著正相关关系（$r = 0.505$，$P < 0.05$），表明两种磷形态存在相同的来源。含水率与 Ca-P，TIP，TP，TVS 呈现显著正相关关系（$r = 0.444$，0.450，0.508，0.531；$P < 0.05$），说明不同磷形态的垂向分布特征和沉积物的含水率也存在密切关系。沉积物含水率与沉积物的粒度、组成成分、疏水性以及黏度等有关，在沉积物中磷形态的分布行为也起了重要作用[34]。

第6章 沱江流域简阳段水环境中磷赋存形态及其时空变化特征

表6-1 简阳段沉积物-水体系不同赋存状态磷相关性分析

指标	SRP	SUP	TDP	pH值	DOC	Exc-P	Al-P	Ca-P	Res-P	TIP	TP	TVS
SRP	1											
SUP	0.063	1										
TDP	0.169	0.994△	1									
pH值	−0.207	−0.181	−0.070	1								
DOC	−0.563*	0.017	−0.134	−0.130	1							
Exc-P	−0.041	−0.176	−0.177	0.449*	0.124	1						
Al-P	0.556*	0.260	0.363	0.206	−0.375	−0.047	1					
Ca-P	0.163	−0.066	−0.041	0.152	−0.064	0.505*	0.434	1				
Res-P	0.184	−0.142	−0.100	0.019	−0.536*	0.049	−0.211	0.304	1			
TIP	−0.011	0.069	0.028	0.002	0.445*	0.041	0.662△	0.378	−0.413	1		
TP	0.169	−0.064	−0.060	0.020	−0.129	0.083	0.267	0.624△	0.605△	0.475*	1	
TVS	0.088	0.310	0.296	−0.010	−0.291	−0.230	0.247	0.494*	0.479*	0.260	0.690△	1
含水率	−0.311	0.013	−0.011	0.176	0.105	0.067	−0.159	0.444*	0.118	0.450*	0.508*	0.531*

注:"*"表示在0.5水平(双侧)上显著相关;"△"表示在0.01水平(双侧)上显著相关。

沉积物中TVS与Ca-P、Res-P以及TP均呈现显著正相关关系（$r = 0.494$，$r = 0.479$，$P < 0.05$；$r = 0.690$，$P < 0.01$）。这与前面分析的沉积物中有机质含量越高，对间隙水中磷酸盐的吸附作用越强相吻合。导致TVS含量越高，沉积物中TP含量越高的原因还可能与微生物对有机质的矿化作用有关。有机质中的有机磷成分在微生物作用下可以矿化为无机磷且微生物在分解有机质过程中产生的弱酸能溶解钙磷组分，从而释放出无机磷[35]，最终使得间隙水中的磷酸盐浓度增大，并在释放的初期增加沉积物中Exc-P、Fe/Al-P的形成风险。这也可能是沉积物中Al-P与间隙水中SRP呈现显著正相关关系（$r = 0.556$，$P < 0.05$）的原因，表明Al-P与SRP来源的同一性。由于沱江流域简阳段水体总体呈现的弱碱性，使得沉积物中的磷形态不易以Fe/Al-P的形态存在，通过长时间且一系列的物理化学生物过程最终以Ca-P以及Res-P等较稳定的磷形态存在。这与Guo等[36]研究滇池沉积物中磷形态特征发现的滇池水体呈弱碱性，Ca-P是其沉积物中最主要的赋存形态这一研究结果相似。

6.2　间隙水及沉积物中磷的赋存形态十年前后垂向分布的时空对比

结合本研究沱江流域简阳段沉积物2007年磷赋存形态的研究结果[17]，十年前后间隙水及沉积物中磷赋存形态及各参数的垂向分布对比如图6-3所示，各磷形态及TVS、含水率等变化值间的相关系数见表6-2。

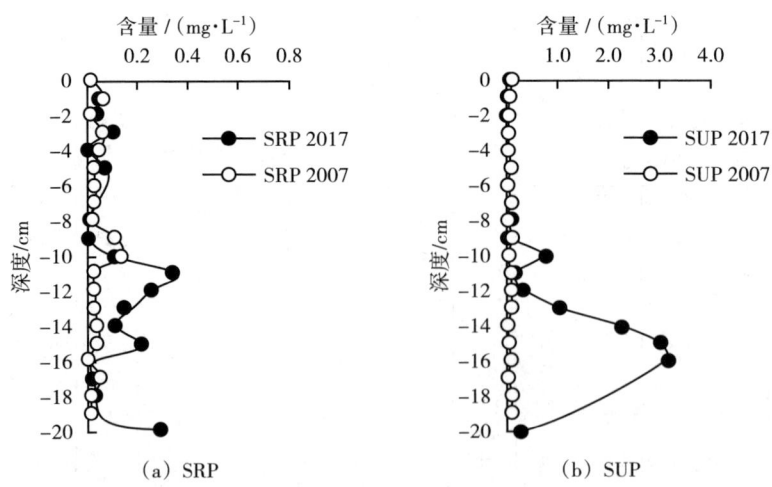

第6章 沱江流域简阳段水环境中磷赋存形态及其时空变化特征

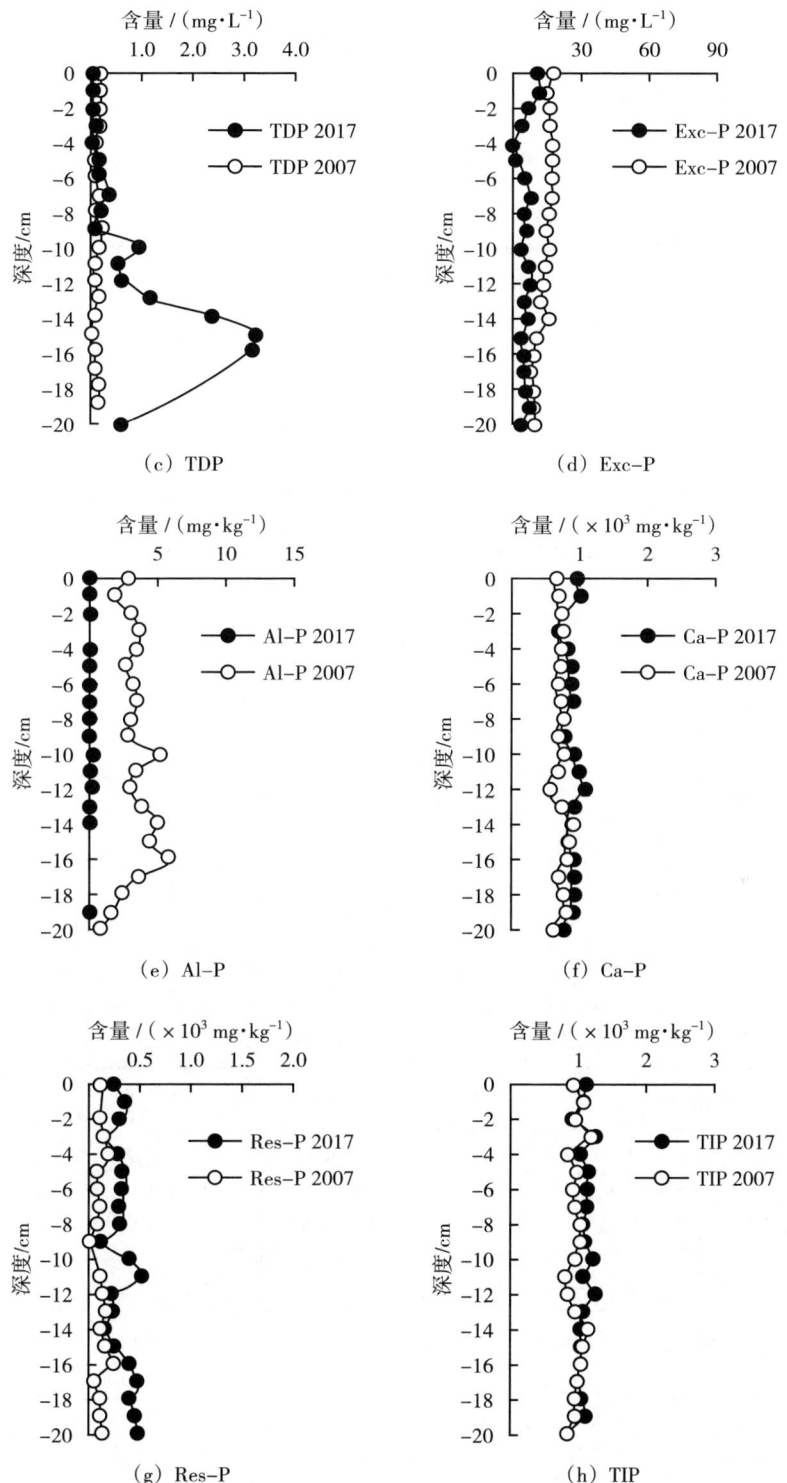

(c) TDP

(d) Exc-P

(e) Al-P

(f) Ca-P

(g) Res-P

(h) TIP

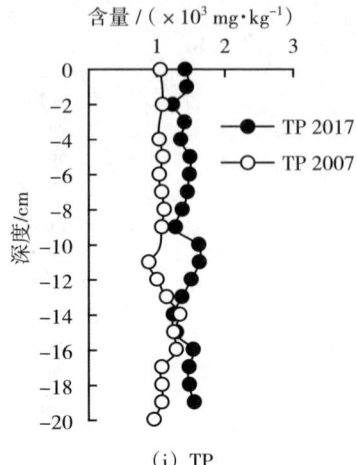

(i) TP

图6-3 简阳段间隙水及沉积物中各磷形态在2007年和2017年的垂向分布对比

表6-2 简阳段沉积物及间隙水中十年前后各磷形态及TVS、含水率等变化值间的相关系数

指标	ΔSRP	ΔSUP	ΔTDP	ΔExc-P	ΔAl-P	ΔCa-P	ΔRes-P	ΔTIP	ΔTP	ΔTVS
ΔSRP	1									
ΔSUP	0.192	1								
ΔTDP	0.288	0.995△	1							
ΔExc-P	0.084	0.337	0.374	1						
ΔAl-P	-0.096	-0.781△	-0.744△	0.459	1					
ΔCa-P	0.301	-0.456	-0.407	0.317	0.334	1				
ΔRes-P	0.078	-0.365	-0.353	0.290	0.477	0.240	1			
ΔTIP	0.390	-0.404	-0.377	-0.219	0.043	0.699△	0.056	1		
ΔTP	0.357	-0.545	-0.510	0.084	0.541	0.766△	0.691△	0.760△	1	
ΔTVS	0.099	0.068	0.103	0.151	0.093	0.178	0.380	0.449	0.510*	1
Δ含水率	0.202	-0.495	-0.472	-0.203	0.422	0.559△	0.347	0.635△	0.761△	0.233

注："*"表示在0.5水平（双侧）上显著相关；"△"表示在0.01水平（双侧）上显著相关。

6.2.1 间隙水及沉积物中十年前后磷形态变化量间的相关性分析

由表6-2可见，间隙水中$\Delta SUP_{(2017—2007)}$、$\Delta TDP_{(2017—2007)}$与沉积物中$\Delta Al-P_{(2017—2007)}$均呈现出显著负相关关系（$r = -0.781$，$r = -0.744$；$P < 0.01$），随着时间的推移，简阳段间隙水中SUP、TDP的浓度增加与Al-P的释放密切相关。研究结果表明[24, 37]，磷的释放速率会受pH值的影响，在pH值为中性的条件下磷的释放速率最小。在酸性和碱性条件下，均有助于沉积物中磷的释放，且碱性条件下会促进Fe/Al-P的释放，酸性条件下促进Ca-P的释放。简阳段间隙水体呈现的弱碱性有助于沉积物中Al-P的释放。

$\Delta Ca-P_{(2017—2007)}$与$\Delta TIP_{(2017—2007)}$、$\Delta TP_{(2017—2007)}$均呈现明显正相关关系（$r = 0.699$，$r = 0.766$；$P < 0.01$），可见沉积物中Ca-P随时间推移的变化量在很大程度上影响着TIP和TP的含量变化及其垂向分布特征。

Δ含水率$_{(2017—2007)}$与$\Delta Ca-P_{(2017—2007)}$、$\Delta TIP_{(2017—2007)}$、$\Delta TP_{(2017—2007)}$均呈现显著正相关关系（$r = 0.559$，$r = 0.635$，$r = 0.761$；$P < 0.01$）。河水的丰枯期、河水的流速、沉积物组分的改变以及沉积物粒度的改变等影响含水率的因素对沉积物中Ca-P、TIP、TP的含量分布也至关重要[38]。

6.2.2 间隙水及沉积物中磷形态十年前后垂向分布的时空对比

对比沱江流域简阳段2007年和2017年间隙水以及沉积物中各磷形态的含量（见图6-3）可见，随着时间的推移，沉积物中TP以及TIP的含量增大，TDP的含量虽然在沉积物表层变化不大，但在-10 cm以下是明显增大的，说明沱江流域简阳段在此期间仍然存在磷的外源污染。沉积物中Exc-P和Al-P的含量总体减小，而Ca-P和Res-P总体增加，说明沱江流域简阳段外源磷的输入通过间隙水这一介质的传递作用，最终以稳定的Ca-P或Res-P的形式存在于沉积物中。从沉积物间隙水表层SRP变化不大可知，虽然存在外源污染，但其对富营养化的发生并没有产生较大的影响。值得一提的是，通过Exc-P与间隙水中pH值的正相关关系分析得到Al-P向Exc-P的转化行为本应使Exc-P含量增加，但随着时间的推移Exc-P的含量总体是减小的，说明还存在着Exc-P向其他磷形态的转化，但沉积物中Exc-P与间隙水中SRP并没有表现出显著相关性，而与沉积物中的Ca-P表现出显著正相关（$r = 0.505$，$P < 0.05$），再一次证实无论从外源输入的磷还是内源释放的磷最终均主要以Ca-P的形式存在于沉积物中。

6.3 小　结

　　本章系统研究了沱江流域简阳段间隙水及沉积物中磷的不同赋存形态垂向分布特征，并对比了十年前后磷赋存形态的变化。研究结果表明：间隙水中SRP的垂向分布行为与沉积物中铁和磷的耦合作用以及磷细菌对SUP的分解作用有关。间隙水中较高含量的DOC可导致较低含量的SRP，有效降低生物可利用的磷含量，降低水体的富营养化水平。河流沉积环境的酸碱度的变化对沉积物和间隙水中磷形态的相互转化有重要影响。碱性水体会促使Al-P向Exc-P的转化。沉积物中TVS含量越高，沉积物中总磷含量越高。对比2007年和2017年间隙水以及沉积物中磷形态的含量变化发现：沱江流域简阳段不仅存在着内源Exc-P和Al-P的释放，还存在着外源磷的污染。且无论是外源输入还是内源释放至水体中的磷酸盐，最终均以稳定的Ca-P及Res-P的形态存在于沉积物中，使得间隙水中生物可直接利用的磷含量总体变化不大。这说明沉积物-水体系对输入（或释放）至水体中的磷酸盐存在自净的过程。

　　应将沉积环境的酸碱度维持为弱碱性，控制Ca-P作为沱江流域简阳段沉积物中主要存在形态的释放，从而有效控制作为浮游植物最适合生长氮磷比中磷的含量，抑制河流富营养化的发生。本研究成果对预测富营养化的发生、治理环境污染以及维护生态平衡具有重要意义。

6.4　参考文献

[1] KIM L H, CHOI E, STENSTROM M K. Sediment characteristics, phosphorus types and phosphorus release rates between river and lake sediments [J]. Chemosphere, 2003, 50 (1): 53-61.

[2] JIN X C, WANG S R, PANG Y, et al. Phosphorus fractions and the effect of pH on the phosphorus release of the sediments from different trophic areas in Taihu Lake, China [J]. Environmental Pollution, 2006, 139 (2): 288-295.

[3] SPEARS B M, CARVALHO L, PERKINS R, et al. Sediment phosphorus cycling in a large shallow lake: spatio-temporal variation in phosphorus pools and release [J]. Hydrobiologia, 2007, 584 (1): 37-48.

[4] CAO X Y, SONG C L, ZHOU Y Y. Limitations of using extracellular alkaline phosphatase activities as a general indicator for describing P deficiency of phytoplankton in Chinese shallow lakes [J]. Journal of Applied Phycology, 2010, 22 (1): 33-41.

[5] 周纯, 宋春雷, 曹秀云, 等. 太湖不同解有机磷菌株胞外碱性磷酸酶活性对蓝藻碎屑的响应 [J]. 水生生物学报, 2012, 36 (1): 119-125.

[6] 宋炜, 袁丽娜, 肖琳, 等. 太湖沉积物中解磷细菌分布及其与碱性磷酸酶活性的关系 [J]. 环境科学, 2007, 28 (10): 2355-2360.

[7] SUBHAJIT D, TAPAN K J, TARUN K D. Vertical profile of phosphatase activity in the Sundarban Mangrove Forest, north east coast of bay of Bengal, India [J]. Geomicrobiology Journal, 2014, 31 (8): 716-725.

[8] ALPERIN M J, ALBERT D B, MARTENS C S. Seasonal variations in production and consumption rates of dissolved organic carbon in an organic-rich coastal sediment [J]. Geochimica Et Cosmochimica Acta, 1994, 58 (22): 4909-4930.

[9] 倪建宇, MAGGIULLLI M. 赤道东北太平洋沉积物间隙水中溶解有机碳的分布特征 [J]. 海洋学报, 2007 (1): 155-160.

[10] 陈立鹏. 黄河内蒙古段沉积物对磷的吸附行为及微生物多样性分析[D]. 呼和浩特: 内蒙古师范大学, 2017.

[11] 闫金龙. 铁氧化物-有机质复合物对磷的吸附与形态调控效应研究[D]. 重庆: 西南大学, 2016.

[12] ZHANG W, JIN X, MENG X, et al. Phosphorus transformations at the sediment-water interface in shallow freshwater ecosystems caused by decomposition of plant debris [J]. Chemosphere, 2018, 201: 328-334.

[13] 徐青. 沱江流域沉积物-水界面磷的赋存状态及环境地球化学研究[D]. 成都: 成都理工大学, 2008.

[14] 金相灿, 王圣瑞, 庞燕. 太湖沉积物磷形态及pH值对磷释放的影响 [J]. 中国环境科学, 2004, 24 (6): 707-711.

[15] WU Y, WEN Y, ZHOU J, et al. Phosphorus release from lake sediments: effects of pH, temperature and dissolved oxygen [J]. KSCE Journal of Civil Engineering, 2013, 18 (1): 323-329.

[16] 常琛朝, 程东会, 钱康. 渭河咸阳段非饱和层状沉积物中水分分布特征 [J]. 中国水土保持科学, 2017 (4): 104-110.

第7章 沱江流域氮、磷形态对砷赋存形态转化行为的影响

7.1 沱江流域金堂段砷赋存形态的迁移转化及影响因素分析

7.1.1 上覆水和间隙水中各砷形态、氮磷形态及pH值、DOC、TFe、TMn含量特征

沱江流域金堂段上覆水、间隙水中各砷形态及相关参数垂向分布结果见表7-1；氮、磷的赋存形态垂向分布结果见表7-2；各砷形态以及pH值，DOC，TFe，TMn的垂向分布图见图7-1；氮磷赋存形态的垂向分布图见图7-2。沱江流域金堂段间隙水中各形态砷和pH值、DOC、TFe、TMn等的相关系数见表7-3；上覆水、间隙水中砷的赋存形态与氮、磷各赋存形态间的相关系数见表7-4。

表7-1 沱江流域金堂段上覆水及间隙水氮、磷的赋存形态垂向分布结果

深度/cm	NH_4^+-N /(mg·L^{-1})	NO_3^--N /(mg·L^{-1})	NO_2^--N /(mg·L^{-1})	DON /(mg·L^{-1})	TDN /(mg·L^{-1})	SRP /(mg·L^{-1})	SUP /(mg·L^{-1})	TDP /(mg·L^{-1})
5	1.89	3.51	—	2.86	8.25	0.37	0.070	0.44
4.5	1.67	2.50	0.007	5.76	9.94	0.56	0.35	0.91
4	1.56	1.96	—	2.79	6.31	0.40	0.071	0.47
0.5	2.27	0.51	0.052	0.86	3.69	—	—	0.13
0	29.98	0.26	0.056	1.44	31.73	0.14	0.86	0.99
−1	8.30	1.15	0.017	11.34	20.80	0.033	0.45	0.48
−2	6.11	1.24	0.017	10.68	18.05	0.040	0.073	0.11

表7-1（续）

深度 /cm	NH_4^+-N /(mg·L^{-1})	NO_3^--N /(mg·L^{-1})	NO_2^--N /(mg·L^{-1})	DON /(mg·L^{-1})	TDN /(mg·L^{-1})	SRP /(mg·L^{-1})	SUP /(mg·L^{-1})	TDP /(mg·L^{-1})
-3	5.68	1.23	0.034	21.66	28.59	0.15	0.22	0.37
-4	6.35	2.12	0.018	9.31	17.80	0.051	1.08	1.14
-5	0.15	1.64	0.024	29.45	31.26	0.11	1.74	1.85
-6	3.32	3.18	0.11	4.64	11.24	0.13	0.011	0.14
-7	4.80	3.95	0.17	27.67	36.60	0.62	0.033	0.65
-8	1.31	1.24	0.037	8.96	11.54	0.31	0.084	0.40
-9	1.89	1.55	0.084	24.07	27.59	0.080	0.062	0.14
-10	5.06	0.96	0.04	8.40	14.46	0.37	1.13	1.50
-11	4.60	1.85	0.027	12.16	18.63	0.095	0.59	0.68
-12	2.47	2.03	0.09	3.95	8.54	0.74	0.029	0.77
-13	0.058	3.99	0.005	22.04	26.09	0.022	0.12	0.14
-14	1.92	0.84	0.015	15.98	18.75	0.095	0.019	0.11

注：—表示未测定。

表7-2 沱江流域金堂段上覆水及间隙水中各形态砷及 pH值、DOC、TFe、TMn垂向分布结果

深度 /cm	As（Ⅲ） /(μg·L^{-1})	As（V） /(μg·L^{-1})	As（Inorg） /(μg·L^{-1})	As（Org） /(μg·L^{-1})	TAs /(μg·L^{-1})	pH值	DOC /(mg·L^{-1})	TFe /(μg·L^{-1})	TMn /(μg·L^{-1})
5	4.77	4.65	9.42	12.92	22.34	7.77	6.10	—	—
4.5	5.99	8.51	14.49	4.24	18.73	7.77	4.86	—	—
4	5.62	3.85	9.46	0.07	9.53	7.79	3.92	—	—
0.5	4.43	0.94	5.36	0.28	5.64	—	9.04	—	—
平均值	5.20	4.49	9.68	4.38	14.06	7.78	5.98	—	—
0	35.61	9.53	45.14	12.71	57.85	8.14	218.48	1.69	174.47
-1	6.16	20.42	26.58	10.00	36.58	8.40	116.76	19.48	180.45

表 7-2（续）

深度 /cm	As(Ⅲ) /(μg·L⁻¹)	As(Ⅴ) /(μg·L⁻¹)	As(Inorg) /(μg·L⁻¹)	As(Org) /(μg·L⁻¹)	TAs /(μg·L⁻¹)	pH值	DOC /(mg·L⁻¹)	TFe /(μg·L⁻¹)	TMn /(μg·L⁻¹)
-2	6.64	20.75	27.39	38.98	66.37	8.33	71.56	17.63	49.47
-3	6.72	41.42	48.14	57.99	106.12	8.35	225.88	8.63	75.56
-4	5.84	20.05	25.89	48.78	74.67	8.34	164.36	—	—
-5	4.32	36.78	41.09	20.72	61.81	8.30	299.48	—	—
-6	16.07	32.84	48.91	41.94	90.84	8.36	378.20	—	—
-7	—	—	—	—	—	8.30	852.00	—	—
-8	15.15	6.16	21.31	67.51	88.82	8.22	222.52	37.78	813.66
-9	75.72	4.92	80.64	—	—	8.17	321.08	29.35	111.16
-10	28.56	16.14	44.70	28.93	73.62	8.44	335.76	24.04	64.90
-11	17.12	24.06	41.18	32.10	73.28	8.35	320.24	7.97	268.56
-12	22.16	19.54	41.70	—	—	8.48	324.28	—	—
-13	20.93	5.79	26.72	47.68	74.40	8.39	262.80	—	389.61
平均值	20.08	19.88	39.95	37.03	73.12	8.33	293.81	18.32	236.43

注：—表示未测定。

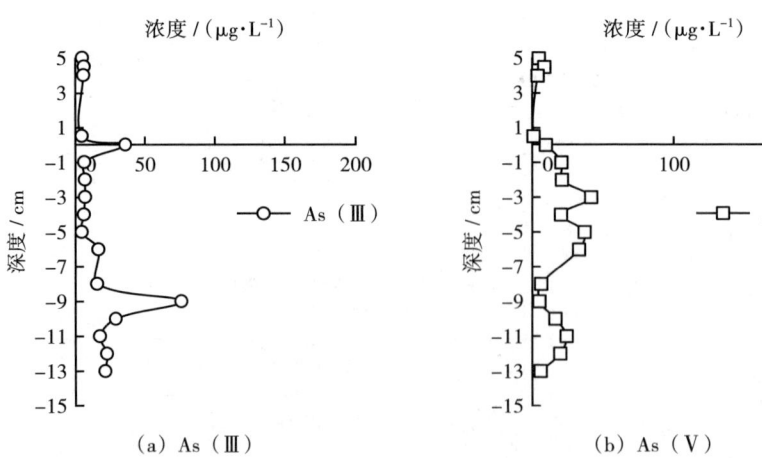

(a) As(Ⅲ)　　　　　　(b) As(Ⅴ)

第7章 沱江流域氮、磷形态对砷赋存形态转化行为的影响

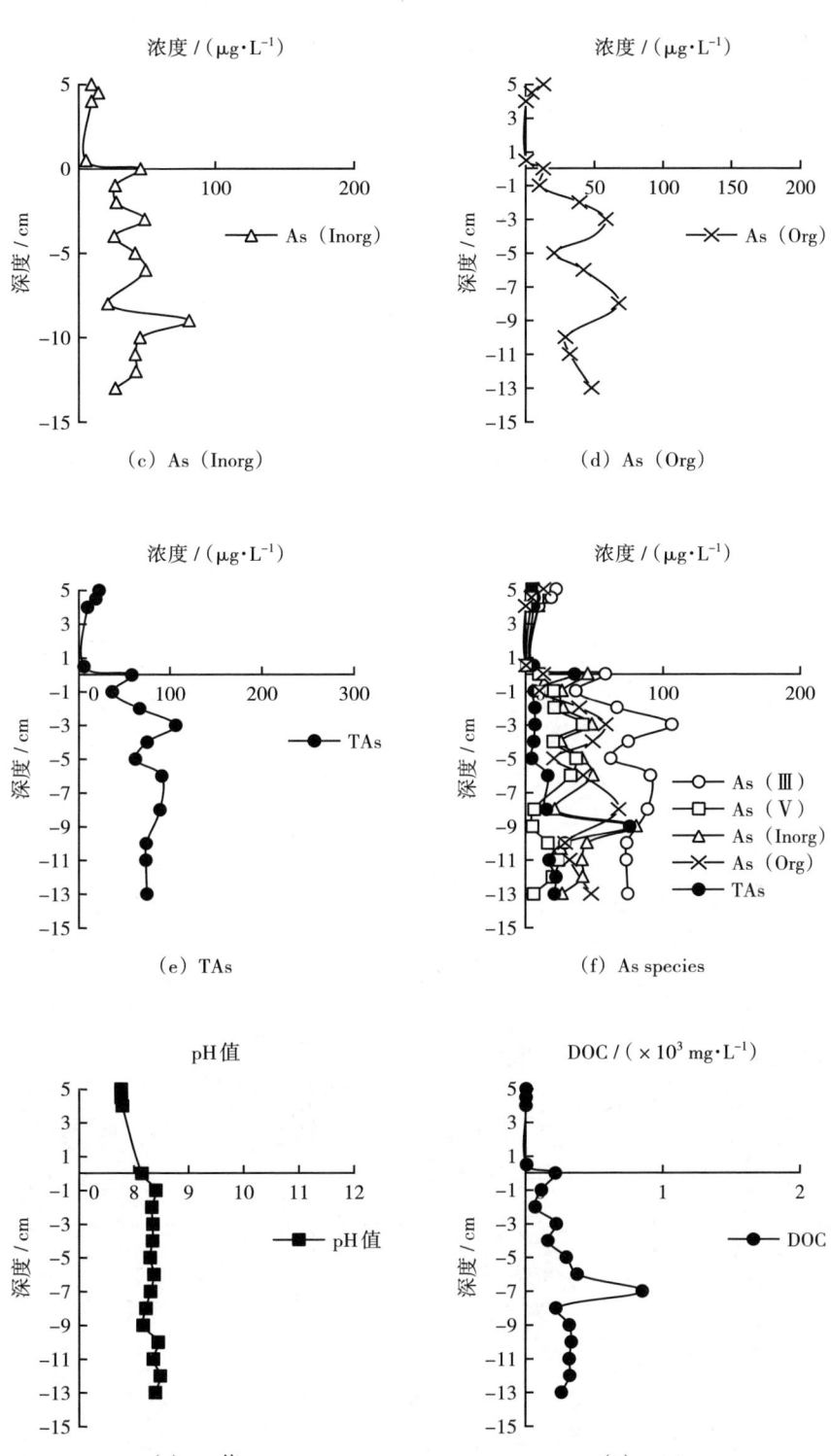

(c) As (Inorg)　　(d) As (Org)　　(e) TAs　　(f) As species　　(g) pH值　　(h) DOC

· 113 ·

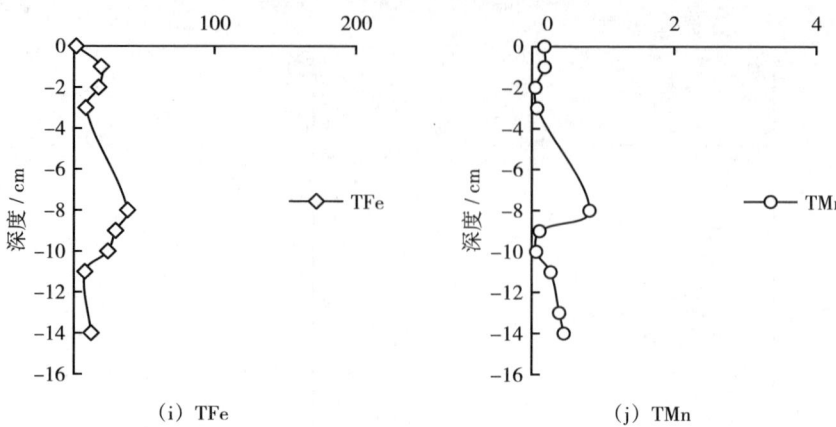

(i) TFe　　　　　　　　　(j) TMn

图7-1　沱江流域金堂段上覆水和间隙水中各砷形态、pH值、DOC、TFe和TMn的垂向分布图

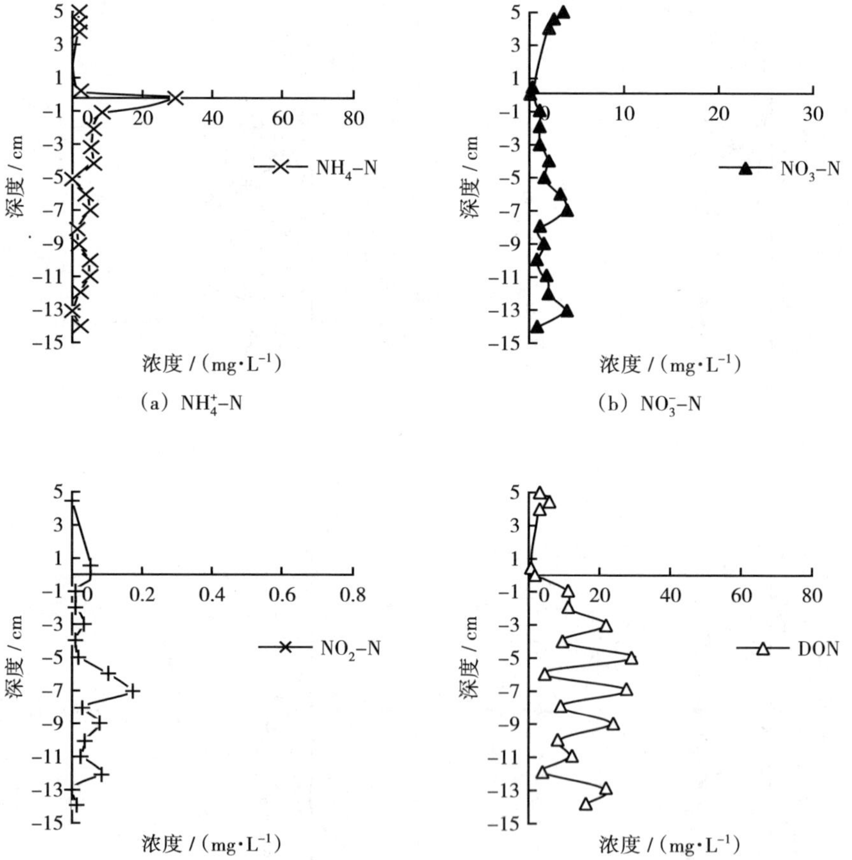

(a) NH_4^+-N

(b) NO_3^--N

(c) NO_2^--N

(d) DON

第7章 沱江流域氮、磷形态对砷赋存形态转化行为的影响

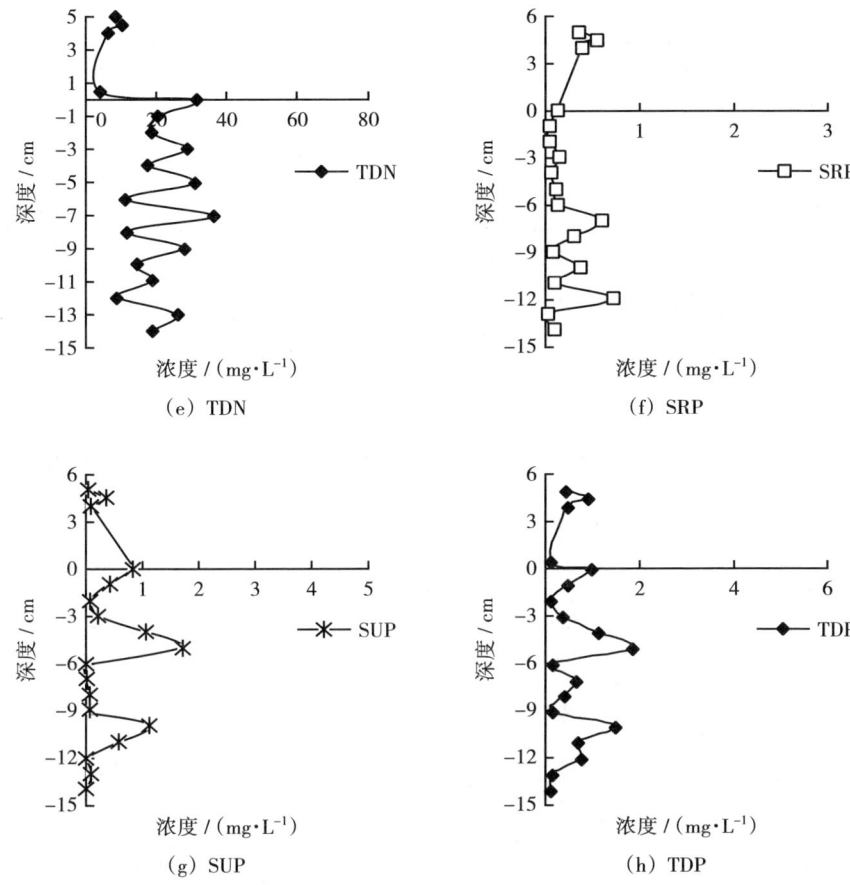

图 7-2 沱江流域金堂段上覆水和间隙水中氮磷赋存形态的垂向分布图

表 7-3 沱江流域金堂段间隙水中各形态砷及 pH 值、DOC、TFe、TMn 等的相关系数

	As（Ⅲ）	As（V）	As（Inorg）	As（Org）	TAs	pH 值	DOC	TFe	TMn
As（Ⅲ）	1								
As（V）	−0.590*	1							
As（Inorg）	0.792**	0.026	1						
As（Org）	−0.230	−0.036	−0.268	1					
TAs	−0.035	0.295	0.302	0.837**	1				
pH 值	−0.477	0.350	−0.326	0.001	0.017	1			
DOC	0.524*	0.088	0.646**	0.034	0.596**	−0.005	1		

表7-3（续）

	As（Ⅲ）	As（Ⅴ）	As（Inorg）	As（Org）	TAs	pH值	DOC	TFe	TMn
TFe	0.233	-0.534	-0.046	0.482	0.118	-0.060	0.091	1	
TMn	-0.158	-0.456	-0.489	0.545	0.226	-0.230	0.064	0.528	1

注：*表示在0.05水平（双侧）上显著相关；**表示在0.01水平（双侧）上显著相关。

表7-4 沱江流域金堂段上覆水、间隙水中砷的赋存形态与氮、磷各赋存形态间的相关系数

	NH_4^+-N	NO_3^--N	NO_2^--N	DON	TDN	SRP	SUP	TDP
NH_4^+-N	1							
NO_3^--N	-0.409	1						
NO_2^--N	0.058	0.382	1					
DON	-0.278	0.237	0.135	1				
TDN	0.367	0.063	0.223	0.786**	1			
SRP	-0.18	0.297	0.511*	-0.248	-0.336	1		
SUP	0.25	-0.332	-0.32	0.154	0.291	-0.242	1	
TDP	0.188	-0.118	-0.096	0.108	0.215	0.204	0.900*	1
As（Ⅲ）	0.189	-0.159	0.480	0.263	0.381	-0.117	-0.134	-0.132
As（Ⅴ）	-0.079	-0.206	-0.142	0.382	0.284	-0.284	0.052	-0.003
As（Inorg）	0.072	-0.27	0.243	0.478*	0.486*	-0.308	-0.057	-0.095
As（Org）	-0.183	0.004	0.518*	0.392	0.242	0.015	-0.3	-0.233
TAs	-0.12	-0.084	0.492	0.462	0.346	-0.085	-0.257	-0.213
DOC	0.022	0.367	0.806**	0.584*	0.608**	0.23	-0.011	0.157
As-total	0.095	-0.380	-0.501	-0.187	-0.168	-0.419	-0.360	-0.530*

注：*表示在0.05水平（双侧）上显著相关；**表示在0.01水平（双侧）上显著相关。

（1）上覆水及间隙水中砷形态及含量特征。

由表7-1可得，上覆水中As（Ⅲ），As（Ⅴ）的平均含量分别为5.20 μg/L，

4.49 μg/L，分别占上覆水 As（Inorg）平均含量（9.68 μg/L）的 53.68% 和 46.31%；上覆水中 As（Org）的平均含量为 4.38 μg/L，占 TAs 平均含量（14.06 μg/L）的 31.13%；As（Inorg）的平均含量为 9.68μg/L，约占 TAs 平均含量的 68.87%。上覆水中的以 As（Inorg）为主要形态，As（Inorg）又以 As（Ⅲ）为其主要存在形态。沱江流域金堂段上覆水对水产品的生物毒性以 As（Ⅲ）的毒性为主，对水产品潜在的危害较大。

间隙水中 As（Ⅲ）的含量在 4.32～75.72 μg/L 之间波动，其平均含量为 20.08 μg/L；As（Ⅴ）的含量在 4.92～41.42 μg/L 之间波动，其平均含量为 19.88 μg/L；As（Inorg）的含量在 21.31～80.64 μg/L 之间波动，其平均含量为 39.95 μg/L；As（Org）的含量在 10.00～67.51 μg/L 之间波动，其平均含量为 37.03 μg/L；TAs 的含量在 36.58～106.12 μg/L 之间波动，其平均含量为 73.12 μg/L。间隙水中 As（Ⅲ）占 As（Inorg）平均含量的 50.25%，As（Ⅴ）占 As（Inorg）平均含量的 49.75%；As（Inorg）占 TAs 平均含量的 54.64%，As（Org）占 TAs 平均含量的 45.36%。间隙水中总砷以 As（Inorg）为主要存在形态，As（Ⅲ）为 As（Inorg）的主要存在形态。间隙水中各砷形态的含量均大于上覆水中砷形态的含量，砷有从间隙水释放至上覆水，导致上覆水砷毒性增加的趋势。

（2）上覆水及间隙水中氮磷形态及含量特征。

由表 7-2 及图 7-2（a）～（e）可知，上覆水和间隙水中溶解性有机氮（dissolved organic nitrogen，DON）均是总溶解性氮（TDN）的主要存在形式，从表 7-4 可见两者的正相关系数高达 0.786，$P < 0.01$。沉积物-水界面出现 DON 的最小值、NH_4^+-N 的最大值以及 NO_3^--N 的最小值，这充分说明微生物对有机氮的矿化作用以及 NO_3^--N 的异化还原作用调控着沉积物-水界面的氧化还原环境，这与陈国元等的研究结果一致[1]，导致沉积物-水界面处于相对还原环境。

由表 7-2 及图 7-2（f）～（h）可知，上覆水中 SRP 是 TDP 的主要存在形式，间隙水中 SUP 是 TDP 的主要存在形式。由表 5-6 可见，上覆水和间隙水中 TDP 的含量与 SUP 的含量呈显著正相关关系（$r = 0.900$），说明水中磷形态分布特征主要由 SUP 主导。

（3）上覆水及间隙水中砷形态影响因素。

① 氮形态对砷形态分布的影响。间隙水中 As（Inorg）形态的分布受 DON 和 TDN 的含量分布影响显著。由表 7-4 可知，间隙水中 As（Inorg）与 DON 和 TDN 的含量均呈现出显著正相关关系，$r = 0.478$，$r = 0.486$（$P < 0.05$），表明

间隙水中无机砷形态的分布受到氮形态分布的影响较为显著。研究结果表明[2]，水体中DON有两种来源方式：一种是地表径流、植物碎屑、沉积物释放等外源输入；另一种是藻类或大型植物以及细菌、细胞死亡或分解，浮游动物排泄物或分泌物等内源释放。DON是水体中有机质的重要组成成分，分析DON含量主要通过影响有机质的组成从而影响As（Inorg）的分布。一般来说，越高的DON代表水体中溶解性有机质（dissolved organic matter，DOM）的含量越高，研究结果表明[3]，水体中的DOM与砷能在无定形水合氧化铁表面产生竞争吸附，使砷在沉积物氧化物表面的吸附量减少，从而使水体中的砷酸盐或亚砷酸盐不容易被吸附至沉积物中，或本来吸附于沉积物氧化矿物表面的砷释放至间隙水中，从而导致间隙水中较高As（Inorg）含量，使得水体中砷对水产品的毒性增强。

从图7-1（a）与图7-1（c）的垂向分布特征进行对比发现，间隙水中As（Ⅲ）与NO_2^--N的垂向分布特征相似，两者间的相关系数达0.480，成正相关关系。研究结果表明，间隙水中NO_2^--N一般来源于NO_3^--N在硝态氮盐还原酶催化下的还原反应[4]，它的含量越大，代表相对还原环境越强，而As（Ⅲ）易存在于相对还原的环境，因此两者成正相关。NO_2^--N通过影响沉积物中的氧化还原状态从而影响砷形态的分布，特别是As（Ⅲ）和As（Ⅴ）这两种氧化还原敏感性较强的砷形态。李巧等[5]在研究奎屯河及玛纳斯河流域平原区地下水中氮素对砷迁移富集的影响时发现，地下水中砷的浓度与NO_3^--N的浓度成负相关关系，也间接印证了本结论。

②磷形态对砷形态分布的影响。将图7-2（f）与图7-2（c）的垂向分布特征进行对比发现，间隙水中SRP与As（Inorg）的垂向分布特征非常相似，在沉积物-水界面含量均有所富集，两者随着深度的增加，基本呈现相同的变化趋势，即沉积物下层的含量总体大于沉积物上层的含量。由于磷酸根（PO_4^{3-}）与砷酸根（AsO_4^{3-}）具有相似的理化性质，使得PO_4^{3-}能够与AsO_4^{3-}在沉积物表面竞争吸附位点而导致两者在被沉积物中某些物质吸附时互相抑制[6]，因此，间隙水中高含量的PO_4^{3-}可以使被沉积物结合的AsO_4^{3-}解吸释放入间隙水中，或本来间隙水中高含量的AsO_4^{3-}在PO_4^{3-}的存在下，不易被沉积物吸附而使AsO_4^{3-}滞留在间隙水中，增加砷的迁移性和毒性。结合表7-4间隙水中TDP与沉积物中As-total的含量呈现显著负相关关系可见，间隙水中高的磷酸盐含量导致了沉积物中总砷含量的减小以及间隙水中砷酸盐含量的增高。

③pH值对砷形态迁移转化行为的影响。图7-1（g）反映了上覆水和间隙水中pH值随深度的变化情况，上覆水中的pH值在7.78左右，间隙水中的pH

值在 8.14 至 8.44 之间波动，间隙水中的 pH 值明显高于上覆水中的 pH 值。pH 值对砷形态的影响将在沱江流域金堂段和简阳段间隙水中砷形态含量的对比章节中讨论（详见 7.3.1 节）。

④ DOC 对砷形态迁移转化行为的影响。上覆水中 DOC 的含量均值为 5.98 mg/L，间隙水中 DOC 在 71.56~852.00 mg/L 之间波动，均值为 293.81 mg/L。从图 7-1（h）上覆水与间隙水中 DOC 的垂向分布特征可见，其与 pH 值和各砷形态的垂向分布特征相似的是上覆水 DOC 的含量明显低于间隙水中 DOC 的含量。水体中的 TOC 是以碳的含量来表征有机物总量的一个指标，DOC 可以用来表征 TOC 的含量，水体中的 DOC 含量越高，表示水中的有机物含量越高，相应的 DOM 含量也越高[7, 8]。从表 7-3 可见，DOC 与 As（Ⅲ）、As（Inorg）、TAs 均呈现显著正相关关系（$r = 0.524$，$P < 0.05$；$r = 0.646$，$r = 0.596$，$P < 0.01$），间隙水中 DOC 含量越高，As（Ⅲ）和 TAs 的含量越高。研究结果表明[7]，水体中的 DOM 与砷能在无定形水合氧化铁表面产生竞争吸附，使砷在沉积物氧化物表面的吸附量减少，从而使水体中的砷酸盐或亚砷酸盐不容易被吸附至沉积物中，或本来吸附于沉积物氧化矿物表面的砷释放至间隙水中，从而导致间隙水中较高的砷含量。DOM 的含量不仅影响着 TAs 的含量，其在一定程度上因可以将 As（Ⅴ）还原为 As（Ⅲ）而影响着无机砷形态在水环境中的分布特征，这与董丽娴[3]的研究结论一致。因此，水体中高含量的 DOC 可以导致砷的含量增加，且将 As（Ⅴ）还原为 As（Ⅲ），使得水体中砷对水产品潜在的生物毒性效应增强。

⑤ 溶解性铁锰对砷形态迁移转化行为的影响。在水环境中，铁锰是典型的氧化还原敏感元素[9, 10]，铁锰元素的价态在一定程度上可以反映该处的氧化还原状态，影响着水体中砷形态的分布，尤其是 As（Ⅲ）和 As（Ⅴ）。金堂段间隙水中 TFe 的含量在 1.69~37.78 μg/L 之间波动，平均含量为 18.32 μg/L；TMn 的含量在 49.47~813.66 μg/L 之间波动，平均含量为 236.43 μg/L。由图 7-1（i）（j）可见，TFe、TMn 的垂向分布特征非常相似，两者在垂向分布上呈现出正相关关系，其相关系数为 0.528，随着沉积物深度的增加，两者出现先增大、再减小的趋势，最大值均出现在 -8 cm 处，两者所表征的氧化还原状态基本一致，即随着深度的增加，从氧化状态逐渐向还原状态过渡。

从间隙水 As（Ⅲ）和 As（Ⅴ）的垂向分布来看，除了沉积物-水界面的相对还原环境导致了 As（Ⅲ）含量较高、As（Ⅴ）含量较低，在 -7 cm 以上均是 As（Ⅴ）的含量高于 As（Ⅲ）的含量，预示了 -7 cm 以上除了沉积物-水界面处于相对还原的环境，其他层面均是处于相对氧化的环境，这与间隙水中溶解性铁锰所表征的氧化还原情况一致。在还原环境中，由沉积物中释放出来的溶解性铁锰在向上扩散的过程中进入相对氧化环境中，溶解性铁锰会再次被氧化成难溶的铁锰氧化物，从而造成水体中铁锰浓度的降低[1]，这可以很好地解释间隙水中溶解性铁锰在间隙水表层-8 cm以上的较低值。在-8 cm左右溶解性铁锰的含量均达到最大，说明此层面沉积环境的还原性相对最强，从砷形态的转化来看，在-8 cm左右，As（Ⅴ）的含量出现了一个最低值，As（Ⅲ）出现了一个最大值，结合表7-3间隙水中As（Ⅴ）与TFe、TMn的含量呈现负相关关系（$r = -0.534$，$r = -0.456$），说明用TFe、TMn表征的强还原环境导致了As（Ⅴ）向As（Ⅲ）的转化，从砷形态毒性差异这个角度而言，间隙水中高含量的TFe和TMn使得水体中水产品受到As（Ⅲ）的毒性威胁更大。

7.1.2　沉积物中各砷形态、氮磷形态及TVS和含水率含量特征

沱江流域金堂段沉积物砷形态及沉积物组分中铁、锰、硫、TVS及含水率垂向分布结果见表7-5；相互间的相关系数见表7-6；垂向分布见图7-3。

（1）沉积物中各砷形态及含量特征。

由表7-5可见，沉积物中As-total的含量在21.56～37.12 mg/kg之间波动，平均含量为31.45 mg/kg；铁锰氧化物结合态砷（As-oxal）的含量在5.16～29.22 mg/kg之间波动，平均含量在21.13 mg/kg，占As-total平均含量的67.21%；有机结合态砷（As-H_2O_2）的含量在1.86～5.51 mg/kg之间波动，平均含量在3.23 mg/kg，占As-total平均含量的10.28%；硫化矿物结合态砷（As-Pyrite）的含量在0.60～26.46 mg/kg之间波动，平均含量在7.08 mg/kg，占As-total平均含量的22.52%。沱江流域金堂段沉积物中的砷形态以As-oxal为主，且基本遵循As-total > As-oxal > As-Pyrite > As-H_2O_2这一规律。

（2）沉积物砷形态影响因素。

① 间隙水中的砷形态及沉积物含水率对砷形态迁移转化行为的影响。

沉积物中各砷形态的分布特征在一定程度上受间隙水砷形态分布及沉积物含水率、TVS的影响。间隙水是沉积物和上覆水物质交换的媒介。一般来说，含水率越大，沉积物组分间的孔隙度越大，间隙水含量相对越多，能在沉积物、间隙水和上覆水间进行交换的物质的种类和量越多，因此，含水率与As-H_2O_2，As-Pyrite及As-total均成正相关关系（$r = 0.618$，$r = 0.432$，$r = 0.550$）（表7-6），含水率在很大程度上以正相关关系影响着沉积物中砷形态的含量。

第7章 沱江流域氮、磷形态对砷赋存形态转化行为的影响

表7-5 沱江流域金堂段沉积物砷形态及沉积组分中铁、锰、硫、TVS及含水率垂向分布结果

深度	0	-1	-2	-3	-4	-5	-6	-7	-8	-9	-10	-11	-12	-13	-14	平均值
As-oxal	5.16	26.79	28.20	19.53	24.15	20.19	17.84	19.01	29.22	22.38	17.76	17.47	21.20	23.87	24.23	21.13
As-H$_2$O$_2$	2.70	4.61	5.51	3.13	3.49	2.68	2.52	2.72	3.98	3.92	2.57	1.86	2.66	3.30	2.86	3.23
As-Pyrite	26.46	3.74	3.41	8.37	3.63	5.28	6.97	0.60	5.40	8.13	1.23	8.52	7.97	7.04	9.51	7.08
As-total	34.31	35.14	37.12	31.02	31.27	28.14	27.32	22.33	38.60	34.43	21.56	27.86	31.82	34.21	36.60	31.45
ES	0.12	0.16	0.12	0.060	0.066	0.039	0.045	0.024	0.043	0.054	0.025	0.041	0.020	0.029	0.025	0.058
AVS	0.094	0.060	0.037	0.079	0.024	0.037	0.035	0.040	0.041	0.042	0.056	0.022	0.030	0.043	0.017	0.044
PS	0.036	0.16	0.16	0.013	0.066	0.025	0.072	0.042	0.065	0.12	0.014	0.031	0.017	0.003	0.016	0.056
TRS	0.250	0.39	0.32	0.15	0.16	0.10	0.15	0.11	0.15	0.22	0.095	0.094	0.067	0.075	0.058	0.16
Fe-oxal	16682.1	20409.0	—	15969.4	17596.9	15037.8	13877.9	14795.6	18351.5	14185.9	13199.3	13471.4	14649.6	16349.3	16145.1	15765.8
Fe-H$_2$O$_2$	46.74	—	—	37.72	—	—	41.05	—	19.72	27.50	26.32	53.95	21.71	38.12	—	34.76
Fe-Pyrite	9229.3	—	—	9209.9	—	—	10509.3	—	6079.4	9563.3	6493.1	20509.8	15393.9	14456.7	—	11271.7
Fe-total	25958.6	28039.1	27183.3	25217.0	25381.5	24554.0	24428.2	20630.0	24450.6	23776.6	19718.6	34035.2	30065.2	30844.1	30885.1	26344.5
Mn-oxal	235.93	326.61	412.42	95.95	199.29	101.45	144.14	182.99	144.60	193.70	177.92	59.79	140.06	129.78	165.79	180.69
Mn-H$_2$O$_2$	234.35	131.71	129.89	211.42	199.34	—	183.22	112.74	198.52	113.39	159.84	225.70	254.70	290.27	171.63	186.91
Mn-Pyrite	394.11	1047.50	1185.74	124.77	487.20	—	364.18	737.54	283.65	591.07	524.09	—	267.59	177.34	468.65	473.11
Mn-total	864.39	1505.82	1728.05	432.15	885.83	468.15	691.53	1033.28	626.77	898.16	861.86	255.55	662.35	597.39	806.06	821.16
TVS	13.65	10.85	11.93	11.10	11.25	10.84	10.42	8.86	11.54	10.78	10.32	11.70	10.57	10.86	10.28	11.00
含水率	56.64	48.49	55.97	45.27	41.82	32.84	30.77	30.52	40.15	36.03	31.57	33.93	32.70	34.14	32.59	38.90

注：—表示未测定。深度的单位为"cm"；砷形态（As-oxal, As-H$_2$O$_2$, As-Pyrite, As-total）的单位为"mg/kg"；硫形态（ES, AVS, PS, TRS）的单位为"mg/g"；铁锰结合态（Fe-oxal, Fe-H$_2$O$_2$, Fe-Pyrite, Fe-total, Mn-oxal, Mn-H$_2$O$_2$, Mn-Pyrite, Mn-total）的单位为"mg/kg"；TVS和含水率的为"%"。

表7-6 沱江流域金堂段沉积物组分中

	As-oxal	As-H$_2$O$_2$	As-Pyrite	As-total	ES	AVS	PS	TRS	Fe-oxal
As-oxal	1								
As-H$_2$O$_2$	0.661**	1							
As-Pyrite	-0.697**	-0.254	1						
As-total	0.437	0.633*	0.334	1					
ES	0.029	0.642**	0.248	0.440	1				
AVS	-0.529*	0.070	0.521*	0.022	0.481	1			
PS	0.441	0.816**	-0.214	0.398	0.746**	-0.001	1		
TRS	0.140	0.747**	0.106	0.418	0.957**	0.430	0.879**	1	
Fe-oxal	0.492	0.868**	-0.118	0.577*	0.670**	0.039	0.681**	0.679**	1
Fe-H$_2$O$_2$	-0.625	-0.626	0.489	-0.219	0.457	0.165	-0.186	0.164	-0.207
Fe-Pyrite	0.236	-0.454	-0.047	0.163	-0.315	-0.655	-0.208	-0.513	-0.112
Fe-total	0.135	-0.063	0.276	0.464	0.067	-0.334	-0.081	-0.088	0.120
Mn-oxal	0.266	0.807**	-0.061	0.377	0.771**	0.179	0.801**	0.821	0.828**
Mn-H$_2$O$_2$	-0.262	-0.433	0.439	0.139	-0.277	0.074	-0.651*	-0.465	-0.265
Mn-Pyrite	0.313	0.685**	-0.338	0.070	0.628*	-0.111	0.820**	0.714**	0.674*
Mn-total	0.335	0.782**	-0.217	0.268	0.684**	0.096	0.796**	0.761**	0.761**
TVS	-0.335	0.176	0.732**	0.509	0.546*	0.455	0.142	0.418	0.348
含水率	-0.060	0.618*	0.432	0.550*	0.868**	0.582*	0.521*	0.797**	0.735**
As（Ⅲ）	-0.268	-0.080	0.334	0.065	-0.173	0.102	0.038	-0.032	-0.365
As（Ⅴ）	0.057	-0.251	-0.038	-0.027	-0.214	-0.301	-0.259	-0.304	-0.082
As（Inorg）	-0.170	-0.282	0.240	0.030	-0.326	-0.176	-0.193	-0.288	-0.369
As（Org）	0.172	0.119	-0.037	0.199	-0.290	-0.196	0.140	-0.092	-0.227
TAs	0.093	0.015	0.041	0.175	-0.340	-0.216	0.059	-0.163	-0.300
pH值	0.236	-0.143	-0.531*	-0.379	-0.196	-0.270	-0.171	-0.240	-0.065
DOC	-0.288	-0.506	-0.235	-0.693**	-0.548*	-0.128	-0.342	-0.458	-0.532*
TFe	0.670*	0.442	-0.613	0.179	-0.224	-0.320	0.348	0.025	0.064
TMn	0.370	-0.066	-0.020	0.471	-0.371	-0.383	-0.238	-0.380	-0.097

注：*表示在0.05水平（双侧）上显著相关；**表示在0.01水平（双侧）上显著相关。

第7章 沱江流域氮、磷形态对砷赋存形态转化行为的影响

砷、铁、锰、硫、TVS及含水率等相互间的相关系数

Fe-H$_2$O$_2$	Fe-Pyrite	Fe-total	Mn-oxal	Mn-H$_2$O$_2$	Mn-Pyrite	Mn-total	TVS	Moisture
1								
0.409	1							
0.484	0.956**	1						
−0.269	−0.676	−0.127	1					
0.289	0.543	0.539*	−0.537*	1				
−0.176	−0.545	−0.111	0.919**	−0.756**	1			
−0.452	−0.731*	−0.198	0.976**	−0.647*	0.984**	1		
0.481	0.051	0.297	0.227	0.376	−0.042	0.014	1	
0.273	−0.294	0.062	0.689**	−0.063	0.398	0.545*	0.754**	1
−0.191	−0.288	−0.178	−0.043	−0.229	−0.103	−0.041	0.017	−0.160
0.334	0.014	0.244	−0.179	−0.122	−0.044	−0.130	−0.371	−0.240
0.028	−0.388	0.064	−0.190	−0.285	−0.119	−0.146	−0.306	−0.337
−0.499	−0.052	−0.093	−0.101	−0.224	−0.131	−0.062	−0.260	−0.259
−0.424	−0.109	−0.059	−0.141	−0.273	−0.145	−0.096	−0.309	−0.317
−0.120	0.275	0.201	−0.091	0.228	−0.007	−0.009	−0.435	−0.344
−0.009	0.128	−0.404	−0.356	−0.227	−0.094	−0.206	−0.659**	−0.603*
−0.904*	−0.363	−0.498	0.079	−0.533	0.079	0.159	−0.450	−0.334
−0.345	0.737	0.235	−0.354	0.345	−0.379	−0.350	−0.053	−0.308

由图 7-3（a）(b)（d）(g) 可知，金堂段沉积物中 As-oxal、As-H_2O_2、As-total、含水率以及 TVS 在 -2 cm 与 -8 cm 处均出现了一个较大值，Fe-oxal 在 -8 cm 处也出现了峰值［图 7-3（h）］，而间隙水中 As（Ⅲ），As（Ⅴ），As（Inorg）在 -2 cm 与 -8 cm 处含量基本处于较小值［图 7-1（a）(b)（c）］，说明在 -2 cm 与 -8 cm 处由于含水率较高，可容纳的作为沉积物与间隙水交换的物质的量相对较多，又由于沉积物中相同层面的铁锰氧化物（Fe-oxal）和可挥发性物质（TVS）含量较高，其对间隙水中砷的吸附和整合作用较其他层面更强[11]，因此导致了间隙水中的砷被结合于铁锰氧化物或有机质中，使得水体中水产品潜在的砷毒性暂时减弱。

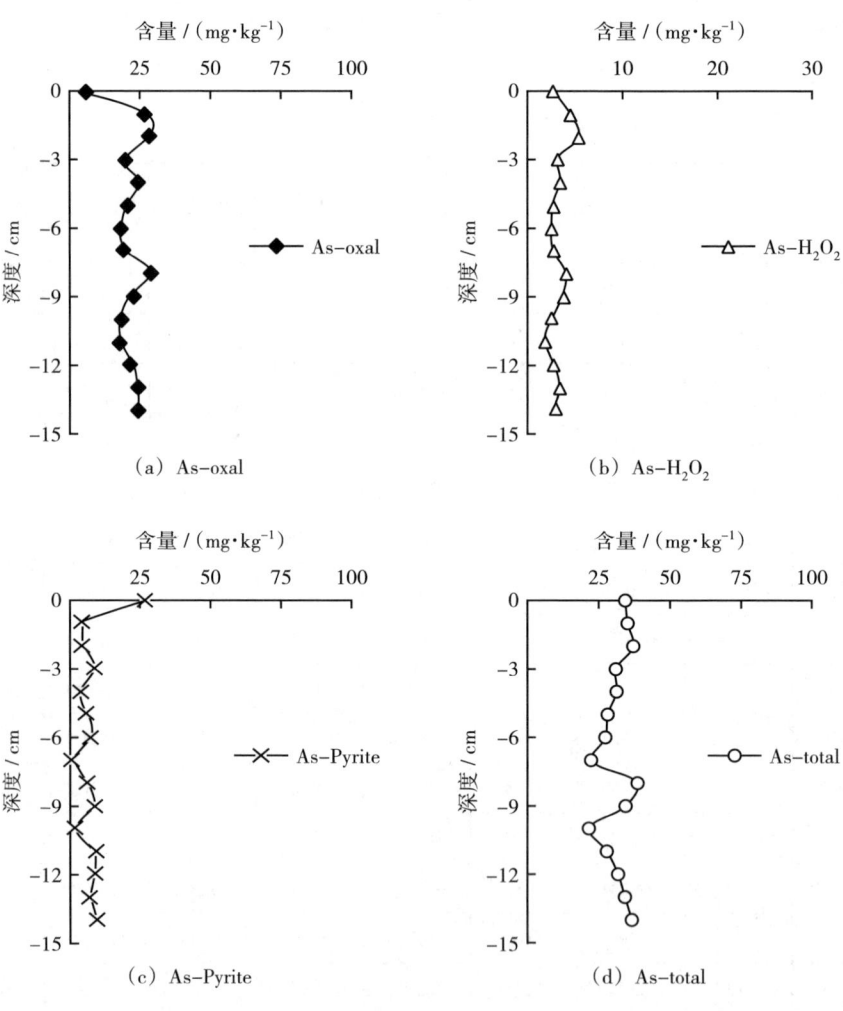

（a）As-oxal （b）As-H_2O_2

（c）As-Pyrite （d）As-total

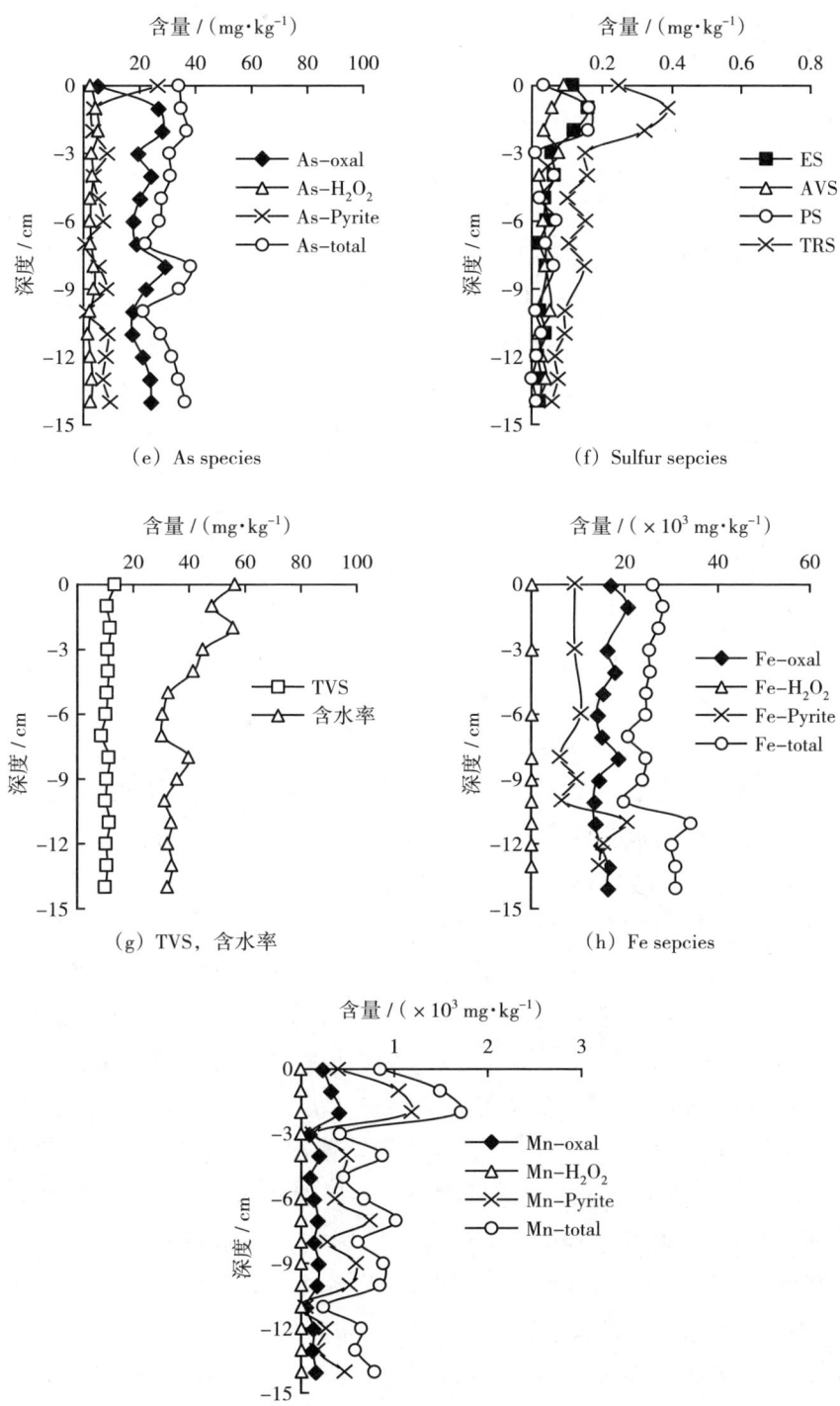

图7-3 沱江流域金堂段沉积物组分中各砷、硫、铁、锰形态的垂向分布图

② 沉积物组分中铁、锰、硫及有机质的含量对砷形态迁移转化行为的影响。

研究[12]结果显示,铁锰复合氧化物以吸附的形式将As（Ⅴ）吸附于表面,而将As（Ⅲ）包裹于其固体内部,当氧化还原条件改变的时候,铁锰复合氧化物表面的锰是先于铁还原溶出,在表面铁还原溶出的同时释放出砷,铁锰氧化物中砷的释放量与铁的溶出量相关,而与锰的溶出量无关,这可以很好地解释沉积物中As-oxal与间隙水中溶解性铁呈现显著正相关关系（$r = 0.670$,$P < 0.05$；见表7-6）,而与间隙水中溶解性锰未呈现显著相关关系。间隙水中溶解性铁大部分来源于沉积物中铁锰氧化物的还原释放,从As-oxal与间隙水中TFe两者的正相关关系可以推测,沉积物中铁锰氧化物的含量应该相对丰富,其吸附于铁锰氧化物表面或结合于其内部的砷含量越多从而导致As-oxal的含量越高,从沉积物释放砷至间隙水中的总量角度来说,溶解性铁的含量越高,释放至间隙水中的As含量越高,水体中水产品的潜在砷毒性也越高。

沉积物中有机质及硫的含量对沉积物中砷形态的影响非常重要。有机质的含量影响着As-H_2O_2的含量,也可以通过影响硫化矿物的含量而间接影响As-Pyrite的含量。沉积物中有机质的降解常常伴随着SO_4^{2-}的还原,与铁生成各种形态的铁硫化物[13],硫酸根的还原产物为S^{2-},游离态的S^{2-}进入间隙水中以H_2S形式扩散,可被O_2、铁锰氧化物氧化为中间态元素硫（Elemental sulfur,ES）,也可以与铁的氧化物或氢氧化物的还原产物Fe^{2+}发生反应生成铁硫化物FeS,即酸可挥发性硫化物（AVS）。FeS形态不稳定,在元素硫的存在下,可以转变为更稳定态的硫复铁矿（Fe_3S_4）或黄铁矿（FeS_2）,即硫化矿物硫（Pyrite sulfur,PS）。本研究发现,沉积物中的元素硫（ES）与沉积物中可挥发性物质（TVS）呈现显著正相关关系（$r = 0.546$）,表明由有机物降解,SO_4^{2-}还原生成的S^{2-}全部转化成了元素硫（这应该也是为什么没有在间隙水中检测到S^{2-}的原因）,使得两者间呈现了显著的正相关关系。ES与AVS、PS的相关系数分别为0.481、0.746,更说明了在溶解性铁含量充足的情况下,三种还原性硫间的进一步转化关系。硫化矿物硫（PS）的形成以及硫化矿物结合态砷（As-Pyrite）的含量都离不开有机质含量的影响,而本研究中有机结合态砷（As-H_2O_2）的含量与PS呈现了显著正相关关系（$r = 0.816$,$P < 0.01$）,说明了两者存在着共同的影响因素,有机质的分布特征同时影响着有机结合态砷（As-H_2O_2）与硫化矿物硫（PS）的垂向分布特征,沉积物中有机质的含量越丰富,有机结合态砷的含量越丰富；在溶解性铁含量充足的情况下,有机质的含量越丰富,PS的含量也越丰富,进而As-Pyrite的含量越丰富,As-Pyrite的

含量与沉积物中TVS的含量呈显著正相关关系（$r = 0.732$，$P < 0.01$），印证了这一结论。这两方面的结论表明了沉积物中有机质含量与间隙水中溶解性铁含量越丰富，对生活在上覆水中的水产品潜在的砷毒性效应越低。

7.2 沱江流域简阳段砷赋存形态的迁移转化及影响因素分析

7.2.1 上覆水和间隙水中各砷形态、氮磷形态及pH值、DOC、TFe、TMn含量特征

沱江流域简阳段上覆水和间隙水中各砷形态及相关参数垂向分布结果见表7-7；氮、磷的赋存形态垂向分布结果见表7-8；各砷形态以及pH值、DOC、TFe、TMn的垂向分布见图7-4；氮磷赋存形态的垂向分布见图7-5。沱江流域金堂段间隙水中各砷形态及pH值、DOC、TFe、TMn等的相关系数见表7-9；上覆水、间隙水中砷的赋存形态与氮、磷各赋存形态间的相关系数见表7-10。

表7-7 沱江流域简阳段上覆水和间隙水中各砷形态、pH值、DOC、TFe、TMn垂向分布结果

深度/cm	As(Ⅲ)/($\mu g \cdot L^{-1}$)	As(Ⅴ)/($\mu g \cdot L^{-1}$)	As(Inorg)/($\mu g \cdot L^{-1}$)	As(Org)/($\mu g \cdot L^{-1}$)	TAs/($\mu g \cdot L^{-1}$)	pH值	DOC/($mg \cdot L^{-1}$)	TFe/($\mu g \cdot L^{-1}$)	TMn/($\mu g \cdot L^{-1}$)
5.5	5.14	1.02	6.16	1.35	7.51	7.75	5.33	—	—
5	4.23	6.4	10.63	3.68	14.31	7.8	6.15	—	—
4.5	4.62	5	9.62	6.07	15.68	7.82	7.88	—	—
4	5.69	4.44	10.13	18.05	28.18	7.82	8.21	—	—
0.5	5.07	2.02	7.09	1.75	8.84	/	6.02	—	—
平均值	4.95	3.78	8.73	6.18	14.90	7.80	6.72	—	—
0	35.84	4.21	40.05	62.51	102.56	8.42	377.12	—	—
-1	15.07	2.77	17.84	22.19	40.03	8.39	211.88	—	759.50
-2	9.14	1.97	11.11	36.38	47.49	8.34	220.08	8.43	2420.92

表7-7（续）

深度/cm	As(Ⅲ)/(μg·L^{-1})	As(Ⅴ)/(μg·L^{-1})	As(Inorg)/(μg·L^{-1})	As(Org)/(μg·L^{-1})	TAs/(μg·L^{-1})	pH值	DOC/(mg·L^{-1})	TFe/(mg·L^{-1})	TMn/(μg·L^{-1})
-4	15.68	9.78	25.46	55.01	80.47	8.14	241.84	—	3419.64
-5	12.46	0.43	12.89	32.51	45.40	7.87	255.52	—	2919.18
-6	19.70	6.11	25.81	36.15	61.96	8.20	346.56	6.13	2345.94
-7	18.81	5.64	24.45	24.61	49.06	7.79	390.64	—	—
-8	22.86	0.95	23.81	25.06	48.88	8.19	309.48	—	—
-9	12.06	14.58	26.64	35.15	61.79	8.38	216.88	5.46	726.52
-10	56.20	45.93	102.13	18.26	120.40	8.30	211.20	1.00	15.43
-11	—	—	—	—	—	8.30	97.26	6.51	12.22
-12	4.30	8.64	12.94	0.70	13.63	8.24	199.70	2.85	69.09
-13	—	—	—	—	—	8.30	331.40	0.01	1073.30
-14	—	—	—	—	—	8.15	375.00	50.54	491.72
-15						8.13	133.36		
-16	0.80	4.36	5.16	0.09	5.25	8.24	211.80		
-17	16.08	18.63	34.71	8.40	43.10	8.27	252.20		
-18	31.56	2.75	34.31	25.87	60.18	8.28	246.40	2.56	379.39
平均值	19.33	9.05	28.38	27.35	55.73	8.22	257.13	9.28	1219.40

注：—表示未测定。

表7-8 沱江流域简阳段上覆水和间隙水中氮、磷的赋存形态垂向分布结果

深度/cm	NH$_4^+$-N/(mg·L^{-1})	NO$_3^-$-N/(mg·L^{-1})	NO$_2^-$-N/(mg·L^{-1})	DON/(mg·L^{-1})	TDN/(mg·L^{-1})	SRP/(mg·L^{-1})	SUP/(mg·L^{-1})	TDP/(mg·L^{-1})
5.5	0.14	1.98	0	3.43	5.55	0.27	0.20	0.47
5	0.20	2.52	0.008	2.57	5.30	0.40	0.17	0.57
4.5	0.14	3.26	0.001	1.38	4.79	0.51	0.18	0.69

表 7-8（续）

深度/cm	NH_4^+-N /(mg·L^{-1})	NO_3^--N /(mg·L^{-1})	NO_2^--N /(mg·L^{-1})	DON /(mg·L^{-1})	TDN /(mg·L^{-1})	SRP /(mg·L^{-1})	SUP /(mg·L^{-1})	TDP /(mg·L^{-1})
4	0.63	2.70	0.007	1.53	4.87	0.75	0.030	0.78
0.5	0.31	1.70	0.007	0.50	2.51	0.067	0.12	0.19
0	5.35	2.23	0.028	1.49	9.10	0.019	0.093	0.11
−1	7.07	1.64	0.019	0.79	9.52	0.064	0.048	0.11
−2	6.00	1.56	0.019	0.51	8.08	0.049	0.035	0.084
−3	8.02	36.13	0.059	0.67	44.88	0.12	—	—
−4	7.07	2.44	0.15	4.14	13.80	0.004	0.052	0.056
−5	9.59	1.26	0.014	3.64	14.50	0.079	0.090	0.17
−6	10.18	2.82	0.027	1.65	14.67	—	—	0.14
−7	9.09	2.44	0.019	5.48	17.04	—	—	0.37
−8	11.23	2.36	0.035	5.86	19.49	0.004	0.19	0.20
−9	8.13	1.89	0.016	2.01	12.05	0.004	0.080	0.084
−10	11.14	3.18	0.042	2.59	16.95	0.12	0.84	0.95
−11	9.70	1.34	0.052	3.08	14.16	0.36	0.18	0.53
−12	10.25	3.18	0.048	0.60	14.08	0.27	0.38	0.65
−13	11.14	3.34	0.037	0.13	14.65	0.16	1.08	1.24
−14	10.47	2.73	0.045	0.50	13.74	0.12	2.30	2.41
−15	11.36	0.36	0.052	—	—	0.23	3.05	3.28
−16	9.58	2.16	0.036	0.53	12.31	0.007	3.19	3.20
−17	7.81	2.03	0.042	3.01	12.90	0.022	—	—
−18	6.26	3.47	0.061	0.83	10.62	0.036	—	—
−19	5.15	1.95	0.068	1.85	9.01	0.015	—	—
−20	3.26	4.12	—	1.56	8.93	0.31	0.31	0.62

注：—表示未测定。

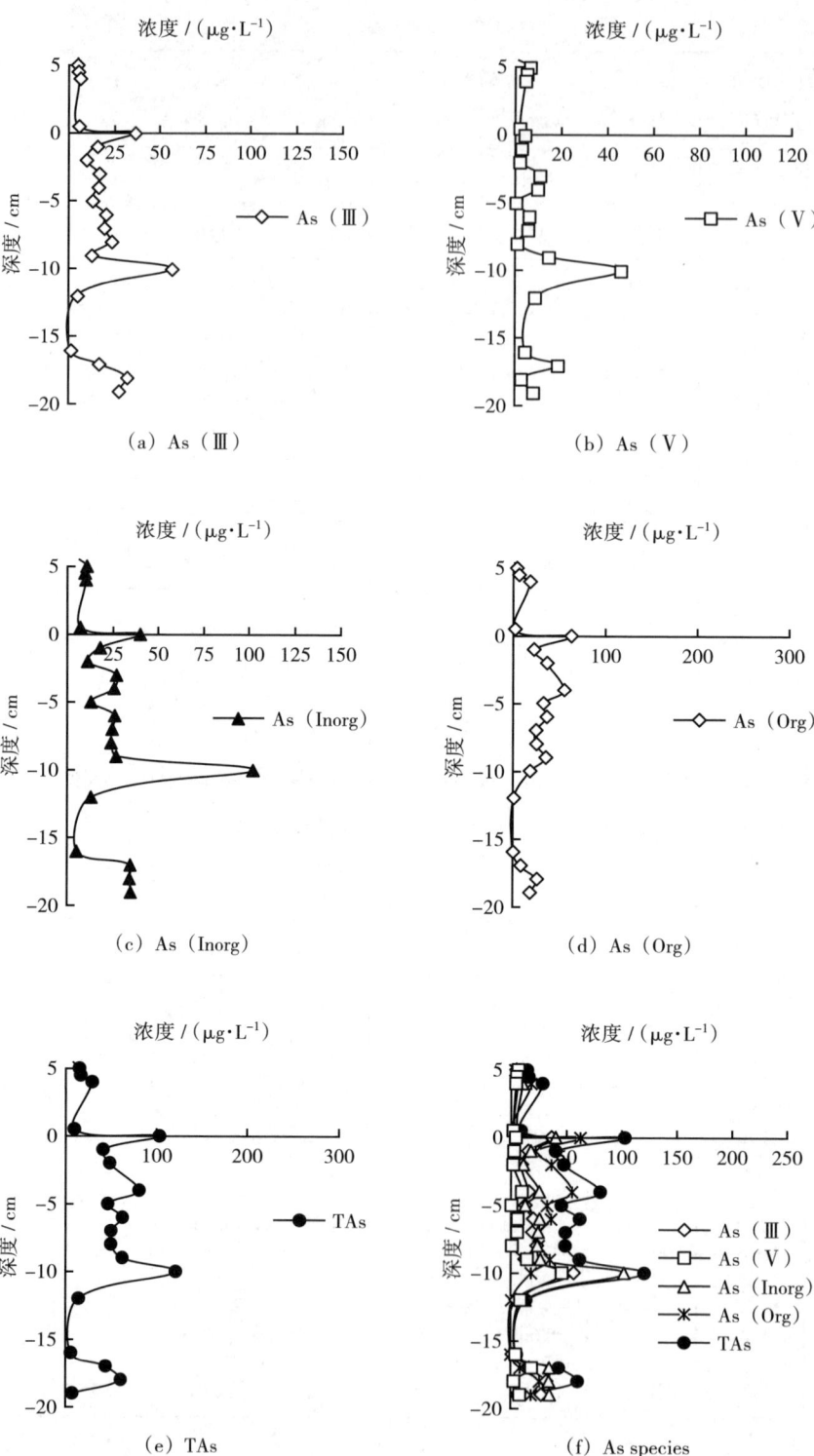

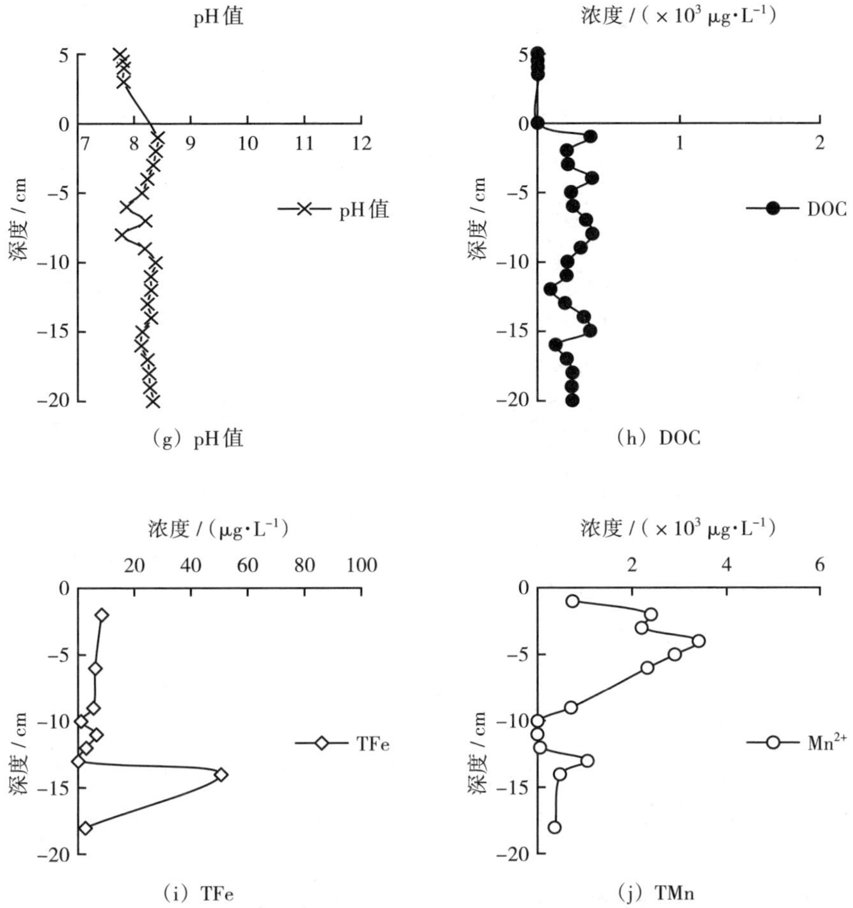

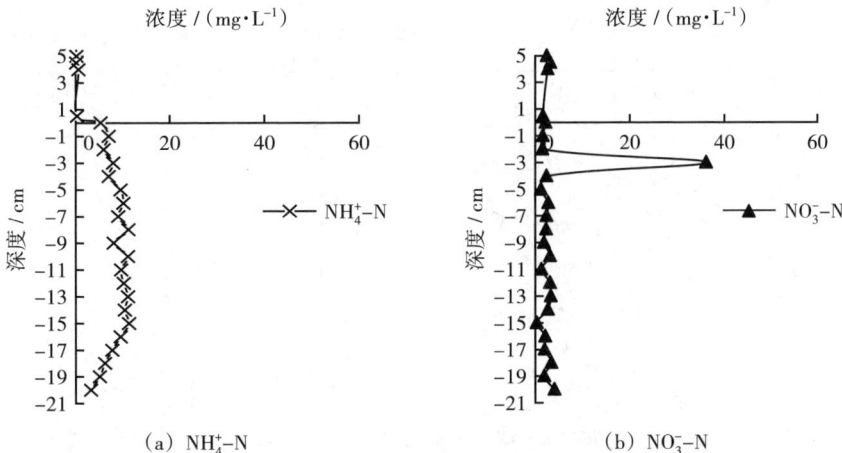

图7-4 沱江流域简阳段上覆水和间隙水中各砷形态、
pH值、DOC、TFe、TMn的垂向分布图

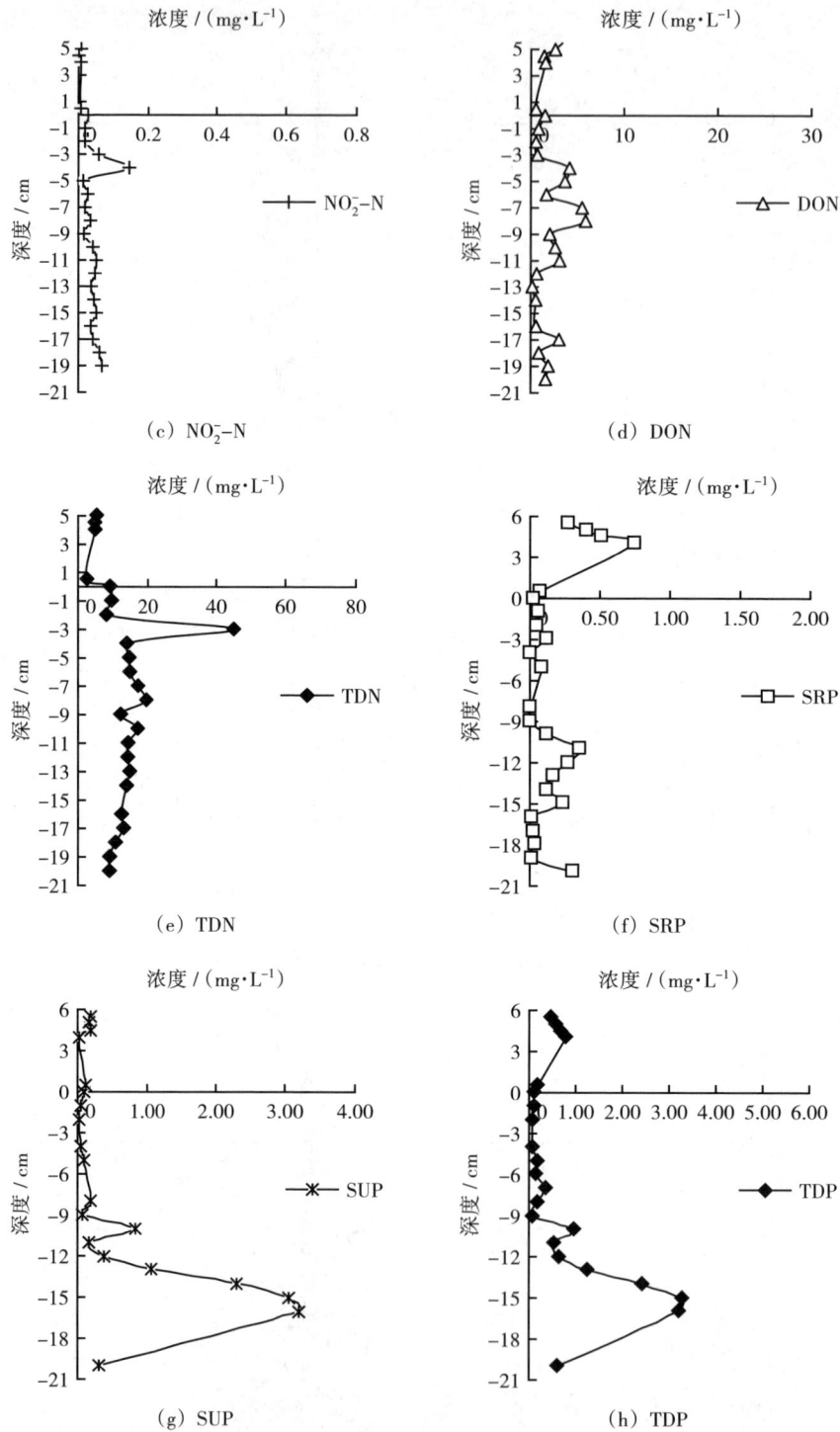

图7-5 沱江流域简阳段上覆水和间隙水中氮磷赋存形态的垂向分布图

第7章 沱江流域氮、磷形态对砷赋存形态转化行为的影响

表7-9　沱江流域简阳段间隙水中各砷形态和pH值、DOC、TFe、TMn等的相关系数

	As（Ⅲ）	As（V）	As（Inorg）	As（Org）	TAs	pH值	DOC	TFe	TMn
As（Ⅲ）	1								
As（V）	0.653**	1							
As（Inorg）	0.901**	0.916**	1						
As（Org）	0.196	0.331	0.293	1					
TAs	0.410	0.712**	0.623**	0.824**	1				
pH值	0.411	0.155	0.306	0.127	0.086	1			
DOC	0.349	−0.145	0.101	0.252	0.009	0.478*	1		
TFe	−0.655	−0.619	−0.676	0.697	−0.378	−0.646	0.487	1	
TMn	−0.392	−0.434	−0.436	0.260	0.189	−0.527	0.354	−0.042	1

注：*表示在0.05水平（双侧）上显著相关；**表示在0.01水平（双侧）上显著相关。

表7-10　沱江流域简阳段上覆水、间隙水中砷的赋存形态与氮、磷各赋存形态间的相关系数

	NH_4^+-N	NO_3^--N	NO_2^--N	DON	TDN	SRP	SUP	TDP
NH_4^+-N	1							
NO_3^--N	0.042	1						
NO_2^--N	0.393	0.168	1					
DON	0.132	−0.200	0.114	1				
TDN	0.566**	0.839**	0.361	0.091	1			
SRP	−0.489*	−0.019	−0.373	−0.070	−0.272	1		
SUP	0.469*	−0.172	0.179	−0.366	0.281	−0.158	1	
TDP	0.318	−0.137	0.129	−0.378	0.109	0.041	0.980**	1
As（Ⅲ）	0.429	0.290	0.307	0.187	0.465*	−0.378	−0.079	−0.190
As（V）	0.340	0.327	0.213	0.067	0.353	−0.092	0.141	0.128
As（Inorg）	0.432	0.338	0.295	0.150	0.461*	−0.282	0.018	−0.056
As（Org）	0.305	−0.137	0.403	0.197	0.308	−0.387	−0.359	−0.502*
TAs	0.475*	0.196	0.334	0.225	0.505*	−0.348	−0.189	−0.321
DOC	0.716**	0.331	0.166	0.118	0.736**	−0.695**	0.222	0.005

注：*表示在0.05水平（双侧）上显著相关；**表示在0.01水平（双侧）上显著相关。

（1）上覆水及间隙水中砷形态及含量特征。

由表 7-7 可得，上覆水中 As（Ⅲ）、As（Ⅴ）的平均含量分别为 4.95 μg/L、3.78 μg/L，分别占上覆水 As（Inorg）平均含量（8.73 μg/L）的 56.73% 和 43.27%；上覆水中 As（Org）的平均含量为 6.18 μg/L，占 TAs 平均含量（14.90 μg/L）的 41.46%；As（Inorg）的平均含量为 8.73 μg/L，约占 TAs 平均含量的 58.54%。上覆水中的 TAs 以 As（Inorg）为主要形态，As（Inorg）以 As（Ⅲ）为其主要存在形态。沱江流域简阳段上覆水对水产品的生物毒性也以 As（Ⅲ）的毒性为主，且对水产品潜在的危害较大。

间隙水中 As（Ⅲ）的含量在 0.80~56.20 μg/L 之间波动，其平均含量为 19.33 μg/L；As（Ⅴ）的含量在 0.43~45.93 μg/L 之间波动，其平均含量为 9.05 μg/L；As（Inorg）的含量在 5.16~102.13 μg/L 之间波动，其平均含量为 28.38 μg/L；As（Org）的含量在 0.70~62.51 μg/L 之间波动，其平均含量为 27.35 μg/L；TAs 的含量在 5.25~120.40 μg/L 之间波动，其平均含量为 55.73 μg/L。间隙水中 As（Ⅲ）占 As（Inorg）平均含量的 68.10%，As（Ⅴ）占 As（Inorg）平均含量的 31.90%；As（Inorg）占 TAs 平均含量的 50.92%，As（Org）占 TAs 平均含量的 49.08%。间隙水中总砷以 As（Inorg）为主要存在形态，As（Ⅲ）为 As（Inorg）的主要存在形态。间隙水中除 As（Ⅴ）外，其他各砷形态在沉积物-水界面的含量均大于上覆水中砷形态的含量，砷酸盐有从间隙水向上覆水迁移的趋势，其会增加上覆水水产品的砷毒性的风险。

（2）上覆水及间隙水中氮磷形态及含量特征。

由表 7-8 及图 7-5（a）~（e）可见，上覆水中硝态氮（NO_3^--N）是 TDN 的主要存在形式，其次是 DON；间隙水中 NH_4^+-N 是 TDN 的主要存在形式，其次是 NO_3^--N。由表 7-10 可见，水体中 TDN 与 NH_4^+-N、NO_3^--N 均呈显著正相关关系（$r = 0.566$，$r = 0.839$；$P < 0.01$），说明上覆水和间隙水中的 TDN 的分布特征主要由 NH_4^+-N 和 NO_3^--N 控制。

由表 7-8 及图 7-5（f）~（h）可见，简阳段上覆水及间隙水中各磷形态的垂向分布特征，上覆水中 SRP 是 TDP 的主要存在形式，间隙水中 SUP 是 TDP 的主要存在形式。由表 7-10 可见，上覆水和间隙水中 TDP 的含量与 SUP 的含量呈显著正相关关系（$r = 0.980$，$P < 0.01$），说明简阳段水中磷形态分布特征主要由 SUP 主导。

（3）上覆水及间隙水中砷形态影响因素。

① 氮形态对砷形态分布的影响。

由图 7-5（e）与图 7-4（a）（d）（e）可知，间隙水中 TDN 与 As（Ⅲ）、

As（Org）、TAs 的垂向分布特征十分相似，TDN 与砷的三种形态均呈现显著正相关关系（$r = 0.465$，$r = 0.461$，$r = 0.505$；$P < 0.05$），从 TDN 与间隙水中各氮形态的垂向分布对比来看，TDN 与 NO_3^--N 的垂向分布特征最相似，两者间呈现显著正相关关系（$r = 0.839$），说明间隙水中 TDN 的含量分布由 NO_3^--N 的含量控制。陈云嫩[14]等指出，由于沉积物中的氢氧化铁或氢氧化锰表面都带正电荷，具有高度吸附阴离子的能力，并且优先吸附带负电荷更多的阴离子，即优先吸附离它较远的阴离子，所以硝酸根会与砷酸根产生竞争吸附，使间隙水中的砷酸根不易被吸附到沉积物表面而影响砷在间隙水和沉积物中的迁移。陈维芳等[15]在研究阳离子表面活性剂改性的活性碳吸附砷（Ⅴ）和砷（Ⅲ）时得出，当竞争离子浓度大于100倍砷的浓度时，竞争会导致活性炭对砷的吸附力降低，砷的吸附率会从93.6%降低至30.0%，且阴离子对砷酸盐的竞争是 $PO_4^{3-} > SO_4^{2-} > NO_3^-$-N。基于以上原因，间隙水中 NO_3^--N 含量越高，由于能和砷酸盐/亚砷酸盐在沉积物黏土矿物或铁锰氧化物/氢氧化物表面竞争吸附位点，从而使间隙水中砷酸盐或亚砷酸盐含量越高，增强上覆水中水产品砷的毒性风险。

② 磷形态对砷形态分布的影响。

由图7-5（g）（h）与图7-4（d）可知，间隙水中 SUP、TDP 与 As（Org）的垂向分布基本相反，TDP 与 As（Org）呈现显著负相关关系（$r = -0.502$，$P < 0.05$）。由 TDP 与 SUP 的相关系数 $r = 0.980$（$P < 0.01$）可知，TDP 的垂向分布主要由间隙水中 SUP 的含量控制，因此 TDP 与 As（Org）的相关性很大程度上是由 SUP 的含量和分布引起的。有机砷的形成除了砷与有机基团络合形成的有机化合物外，还有一种方式是通过砷的微生物甲基化作用形成[16]。间隙水中 SUP 与 As（Org）的含量呈现负相关关系，表明磷和砷在与沉积物有机质结合时存在着相互抑制的作用[17]，也或者是由沉积物中主要的微生物群落不同引起的。从垂向分布来看，有机磷的含量随深度的增加基本呈现增加的趋势，有机砷随深度的增加基本呈现减小的趋势，简阳段沉积物中有机质的含量是随深度的增加逐级降低，因此推测有机磷含量随深度增加而升高主要是与磷细菌对磷酸盐的吸收转化有关[18]，这从 SRP 与 SUP 在沉积物下部（-10 cm 以下）的分布对比可以证实。而有机砷含量的减小可能与这种砷的微生物甲基化作用关系不大，由此形成了沉积物下部（-10 cm 以下）As（Inorg）的含量底部含量很高，而 As（Org）底部含量较低的分布特征。

③ 间隙水中 DOC 对砷形态迁移转化行为的影响。

从表7-9可见，间隙水中 DOC 与 As（Ⅲ）呈现正相关关系（$r = 0.349$），表明DOC的含量越高，导致了间隙水中As（Ⅲ）的含量越高，这与沱江流域金堂段间隙水中得出的规律一致。

④ 溶解性铁锰对砷形态迁移转化行为的影响。

沉积物表层间隙水中较高的TMn含量所表征的相对还原环境是导致简阳段沉积物-水界面出现低含量As（Ⅴ）、高含量As（Ⅲ）分布的主要因素。

由图7-4（a）（b）简阳段间隙水中As（Ⅲ）与As（Ⅴ）垂向分布特征可见，在沉积物-水界面As（Ⅲ）的含量较高，As（Ⅴ）的含量较低，预示了沉积物-水界面的相对还原环境。由图7-4（i）（j）对比可得，溶解性铁锰在沱江流域简阳段间隙水中的分布特征基本相反，TFe在沉积物间隙水下层的含量高于上层，而TMn在沉积物间隙水上层的含量高于下层，分析主要原因为：沉积物有机质在微生物作用下，依次被O_2、NO_3^-、Mn^{4+}、Fe^{3+}、SO_4^{2-}氧化[19-21]，在铁锰共存的情况下，由于锰的氧化还原电位高于铁，因此在沉积物有机质降解的过程中，微生物优先利用Mn^{4+}作为电子受体，将Mn^{4+}还原为溶解性的Mn^{2+}释放至间隙水中，使得间隙水中TMn的含量较高，从沉积物释放至间隙水中的TMn在向上扩散的过程中，如果遇到氧化环境会因为二次沉淀作用使得间隙水中的TMn的浓度降低。TMn在沉积物间隙水表层相对较高的含量与As（Ⅲ）、As（Ⅴ）的分布所反映的相对还原的沉积环境基本一致。间隙水中高含量的TMn也使得水体中水产品受到As（Ⅲ）的毒性威胁更大，这与金堂段上覆水得到的结论一致。

7.2.2　沉积物中各砷形态、氮磷形态、TVS及含水率含量特征

沱江流域简阳段沉积物砷形态及沉积物组分中铁、锰、硫、TVS及含水率垂向分布结果见表7-11；沉积物中砷、铁、锰、硫、TVS及含水率等间的相关系数见表7-12；沉积物中各砷、硫、铁、锰形态等的垂向分布见图7-6。

（1）沉积物中各砷形态及含量特征。

由表7-11可见，简阳段沉积物中As-total的含量在22.63～49.48 mg/kg之间波动，平均含量为32.33 mg/kg；铁锰氧化物结合态砷（As-oxal）的含量在17.18～29.93 mg/kg之间波动，平均含量在21.47 mg/kg，占As-total平均含量的66.41%；有机结合态砷（As-H_2O_2）的含量在1.19～4.14 mg/kg之间波动，平均含量在1.82 mg/kg，占As-total平均含量的5.64%；硫化矿物结合态砷As-Pyrite的含量在0.55～28.95 mg/kg之间波动，平均含量在9.02 mg/kg，占As-total平均

含量的27.91%。简阳段沉积物中的砷形态以As-oxal为主，且和金堂段沉积物中砷形态的规律一致，遵循As-total > As-oxal > As-Pyrite > As-H_2O_2这一规律。

（2）沉积物中砷形态影响因素。

① 间隙水中的砷形态及沉积物TVS、含水率对砷形态迁移转化行为的影响。

沱江简阳段沉积物中各砷形态受沉积物TVS、含水率的影响也很显著。由图7-6（a）(b)(d)(g) 可见，沉积物中As-oxal、As-H_2O_2、As-total、TVS、含水率基本在-5 cm、-10 cm左右出现峰值，As-oxal、As-total与TVS均呈现显著正相关关系（$r = 0.441$，$P < 0.05$；$r = 0.585$，$P < 0.01$），表明沉积物中TVS和含水率在一定程度上以正相关关系影响着砷形态的分布特征，特别是TVS的含量对沉积物中砷形态分布的影响更显著。TVS与含水率含量越高，沉积物中砷形态的含量越高，使得水体中水产品潜在的砷毒性暂时减弱，这一点与前面沱江流域金堂段沉积物的研究结果一致。

② 沉积物组分中铁、锰、硫及有机质的含量对砷形态迁移转化行为的影响。

从图7-6可见，沉积物中Fe-total与Mn-total以及Fe-Pyrite与Mn-Pyrite的垂向分布特征非常相似，从表7-12可见，各铁锰地球化学结合态间基本全部呈现出显著正相关关系，表明沉积物中铁锰存在一定的同源性。潘向忠等[22]在研究钱塘江杭州段沉积物中铁锰的分布特征时也发现沉积物中铁锰的相关系数高达0.696，$P < 0.05$，分析其来源存在一定的同一性，更多的是代表沉积物的自然来源。

As-oxal与Fe-total、Mn-total（$r = 0.462$，$r = 0.472$；$P < 0.05$）以及As-total与Fe-total、Mn-total（$r = 0.550$，$r = 0.507$；$P < 0.05$）均呈现显著正相关关系，表明简阳段沉积物中总砷的含量尤其是铁锰结合态砷的含量（As-oxal）受沉积物中铁锰含量的控制作用较明显。沉积物中铁锰含量越高，结合于沉积物中的砷形态越多，可以暂时降低水体中砷酸盐的迁移性乃至毒性。

表7-11 沱江流域简阳段沉积物砷形态及

深度/cm	As-oxal/(mg·kg⁻¹)	As-H₂O₂/(mg·kg⁻¹)	As-Pyrite/(mg·kg⁻¹)	As-total/(mg·kg⁻¹)	ES/(mg·g⁻¹)	AVS/(mg·g⁻¹)	PS/(mg·g⁻¹)	TRS/(mg·g⁻¹)	Fe-oxal/(mg·kg⁻¹)
0	19.53	1.45	2.06	23.04	0.013	0.027	0.006	0.046	12123.46
−1	19.12	2.94	0.57	22.63	0.006	0.025	0.008	0.039	10564.16
−2	—	—	—	—	0.003	0.011	0.12	0.13	12510.36
−3	17.18	1.40	7.97	26.55	0.035	0.02	0.007	0.062	13851.24
−4	17.35	1.21	11.59	30.15	0.042	0.013	0.009	0.064	12742.9
−5	23.48	4.14	7.37	34.99	0.042	0.02	0.006	0.068	15582.64
−6	20.71	1.5	11.55	33.77	0.021	0.012	0.008	0.041	14566.4
−7	18.62	1.35	5.64	25.6	0.011	0.011	0.20	0.226	13262.88
−8	18.48	2.19	4.15	24.82	0.011	0.010	—	—	11786.26
−9	24.86	1.67	1.49	28.02	0.011	0.010	0.013	0.034	16654.44
−10	29	1.83	5.16	35.99	0.011	0.011	0.014	0.036	19057.26
−11	24.61	2.48	8.37	35.46	0.006	0.013	0.053	0.072	14536
−12	21.62	1.39	14.28	37.28	0.018	0.018	0.091	0.13	13384.7
−13	19.39	1.19	8.41	29	0.019	0.018	0.056	0.093	13342.92
−14	—	—	—	—	0.026	0.016	0.073	0.12	11320.86
−15	19.13	1.21	16.13	36.47	0.029	0.019	0.046	0.094	14314.32
−16	23.94	1.29	3.01	28.24	0.032	0.016	0.039	0.087	14014.32
−17	21.7	3.12	0.55	25.37	0.035	0.014	0.032	0.081	16286.89
−18	21.42	1.47	26.59	49.48	0.038	0.028	0.028	0.094	15022.6
−19	29.93	1.56	7.63	39.11	0.038	0.023	0.022	0.083	17613.57
−20	17.84	1.27	28.95	48.05	—	—	—	—	12482.96
平均值	21.47	1.82	9.02	32.33	0.022	0.017	0.044	0.084	14048.62

注：—表示未测定。

沉积物组分中铁、锰、硫、TVS及含水率垂向分布结果

Fe-H$_2$O$_2$ /(mg·kg^{-1})	Fe-Pyrite /(mg·kg^{-1})	Fe-total /(mg·kg^{-1})	Mn-oxal /(mg·kg^{-1})	Mn-H$_2$O$_2$ /(mg·kg^{-1})	Mn-Pyrite /(mg·kg^{-1})	Mn-total /(mg·kg^{-1})	TVS	Moisture
16.67	10938.65	23078.78	200.31	72.07	439.64	712.01	8.20%	38.63%
19.45	12254.95	22838.56	238.93	86.50	380.25	705.68	8.28%	37.32%
16.68	6415.62	18942.65	202.95	83.51	217.44	503.90	6.71%	29.50%
18.68	6960.77	20830.69	226.24	79.13	294.16	599.54	7.23%	32.95%
29.07	13518.47	26290.44	109.87	116.24	574.84	800.95	9.54%	35.94%
27.32	14160.14	29770.09	126.23	138.65	654.30	919.18	10.17%	37.67%
60.98	14310.85	28938.22	126.00	178.50	548.23	852.72	10.23%	34.69%
24.75	13361.16	26648.79	124.38	108.10	575.32	807.80	8.47%	30.38%
23.28	14883.21	26692.75	144.36	79.54	476.61	700.51	7.60%	29.23%
64.36	13867.42	30586.23	154.74	198.95	553.57	907.26	8.70%	31.02%
125.82	18172.16	37355.24	129.61	293.63	972.43	1395.67	11.02%	36.31%
93.95	21763.39	36393.34	75.94	258.09	869.78	1203.81	10.73%	33.48%
92.77	22243.51	35720.98	83.49	260.83	740.82	1085.14	9.53%	33.02%
17.85	18625.38	31986.15	167.68	100.35	597.59	865.62	8.91%	30.54%
15.71	15717.83	27054.40	158.30	64.66	389.95	612.91	8.07%	30.21%
57.29	21019.64	35391.25	131.78	112.21	667.94	911.93	10.50%	34.40%
57.18	19819.15	33890.66	116.50	134.36	639.01	889.87	9.92%	35.40%
23.80	15269.53	31580.22	150.08	105.44	560.09	815.60	10.01%	33.41%
58.23	16821.25	31902.08	95.15	150.17	742.63	987.94	11.30%	34.77%
73.45	13947.97	31634.99	100.20	247.06	658.16	1005.41	11.04%	34.97%
44.40	15391.02	27918.38	90.57	167.81	456.17	714.55	7.86%	26.54%
45.79	15212.48	29306.90	140.63	144.56	571.85	857.05	9.24%	33.35%

表7-12 沱江流域简阳段沉积物中

	As-oxal	As-H$_2$O$_2$	As-Pyrite	As-total	ES	AVS	PS	TRS	Fe-oxal
As-oxal	1								
As-H$_2$O$_2$	0.078	1							
As-Pyrite	-0.325	-0.267	1						
As-total	0.196	-0.142	0.860**	1					
ES	0.076	0.043	0.401	0.445*	1				
AVS	-0.049	0.048	0.346	0.317	0.350	1			
PS	-0.115	-0.268	-0.097	-0.196	-0.377	-0.362	1		
TRS	-0.130	-0.265	0.049	-0.059	-0.085	-0.184	0.949**	1	
Fe-oxal	0.520	0.173	0.064	0.362	0.266	-0.143	-0.274	-0.266	1
Fe-H$_2$O$_2$	0.488*	-0.092	0.281	0.548*	-0.111	-0.162	-0.128	-0.213	0.661**
Fe-Pyrite	0.300	-0.067	0.315	0.486*	0.046	-0.052	0.043	0.053	0.226
Fe-total	0.462*	0.016	0.286	0.550**	0.145	-0.102	-0.074	-0.063	0.601**
Mn-oxal	-0.271	0.109	-0.567**	-0.733**	-0.290	0.186	-0.141	-0.218	-0.374
Mn-H$_2$O$_2$	0.496*	0.013	0.283	0.565**	-0.085	-0.163	-0.113	-0.193	0.682**
Mn-Pyrite	0.419	0.098	0.300	0.550**	0.108	-0.054	-0.091	-0.087	0.650**
Mn-total	0.472*	0.113	0.231	0.507*	0.002	-0.062	-0.149	-0.190	0.713**
TVS	0.441*	0.158	0.316	0.585**	0.418	0.173	-0.306	-0.214	0.686**
含水率	0.148	0.342	-0.141	-0.037	0.333	0.569**	-0.662**	-0.583**	0.263
As（Ⅲ）	0.239	-0.138	0.325	0.418	-0.126	0.140	-0.242	-0.280	0.318
As（Ⅴ）	0.137	-0.182	0.423	0.467	-0.101	-0.334	-0.174	-0.288	0.280
As（Inorg）	0.203	-0.179	0.418	0.491*	-0.128	-0.083	-0.234	-0.313	0.328
As（Org）	-0.414	-0.224	0.262	0.057	0.218	0.144	-0.192	-0.138	-0.154
TAs	-0.376	-0.248	0.542*	0.352	0.168	0.105	-0.218	-0.188	-0.176
pH值	0.155	-0.141	-0.197	-0.140	-0.295	0.238	-0.475*	-0.587**	0.076
DOC	-0.023	-0.128	-0.460*	-0.512*	0.090	0.076	0.151	0.216	-0.168
TFe	0.645	-0.316	-0.529	-0.270	0.227	-0.032	0.271	0.325	-0.558
TMn	-0.559*	0.136	-0.034	-0.344	0.501	-0.136	-0.250	-0.087	-0.187

注：*表示在0.05水平（双侧）上显著相关；**表示在0.01水平（双侧）上显著相关。

砷、铁、锰、硫及含水率、TVS等间的相关系数

	Fe-H$_2$O$_2$	Fe-Pyrite	Fe-total	Mn-oxal	Mn-H$_2$O$_2$	Mn-Pyrite	Mn-total	TVS	含水率
Fe-H$_2$O$_2$	1								
Fe-Pyrite	0.612**	1							
Fe-total	0.779**	0.915**	1						
Mn-oxal	-0.614**	-0.690**	-0.722**	1					
Mn-H$_2$O$_2$	0.943**	0.519*	0.711**	-0.648**	1				
Mn-Pyrite	0.821**	0.781**	0.911**	-0.716**	0.772**	1			
Mn-total	0.896**	0.702**	0.873**	-0.621**	0.866**	0.972**	1		
TVS	0.676**	0.638**	0.809**	-0.647**	0.633**	0.864**	0.822**	1	
含水率	0.192	0.050	0.151	0.093	0.135	0.338	0.360	0.531*	1
As（Ⅲ）	0.356	0.041	0.174	-0.121	0.313	0.356	0.388	0.224	0.049
As（V）	0.414	0.225	0.299	-0.278	0.438	0.245	0.296	0.038	-0.354
As（Inorg）	0.429	0.156	0.268	-0.228	0.421	0.327	0.373	0.135	-0.189
As（Org）	-0.262	-0.478	-0.438	0.334	-0.248	-0.456	-0.404	-0.465	-0.261
TAs	-0.119	-0.219	-0.247	0.028	-0.071	-0.313	-0.291	-0.401	-0.474
pH值	0.197	-0.060	-0.017	0.326	0.152	-0.065	0.067	-0.010	0.176
DOC	-0.493*	-0.455*	-0.444*	0.463*	-0.487*	-0.360	-0.375	-0.291	0.105
TFe	-0.460	-0.157	-0.360	0.255	-0.523	-0.463	-0.512	-0.413	-0.425
TMn	-0.581*	-0.650*	-0.611*	0.230	-0.514	-0.485	-0.538	-0.295	0.169

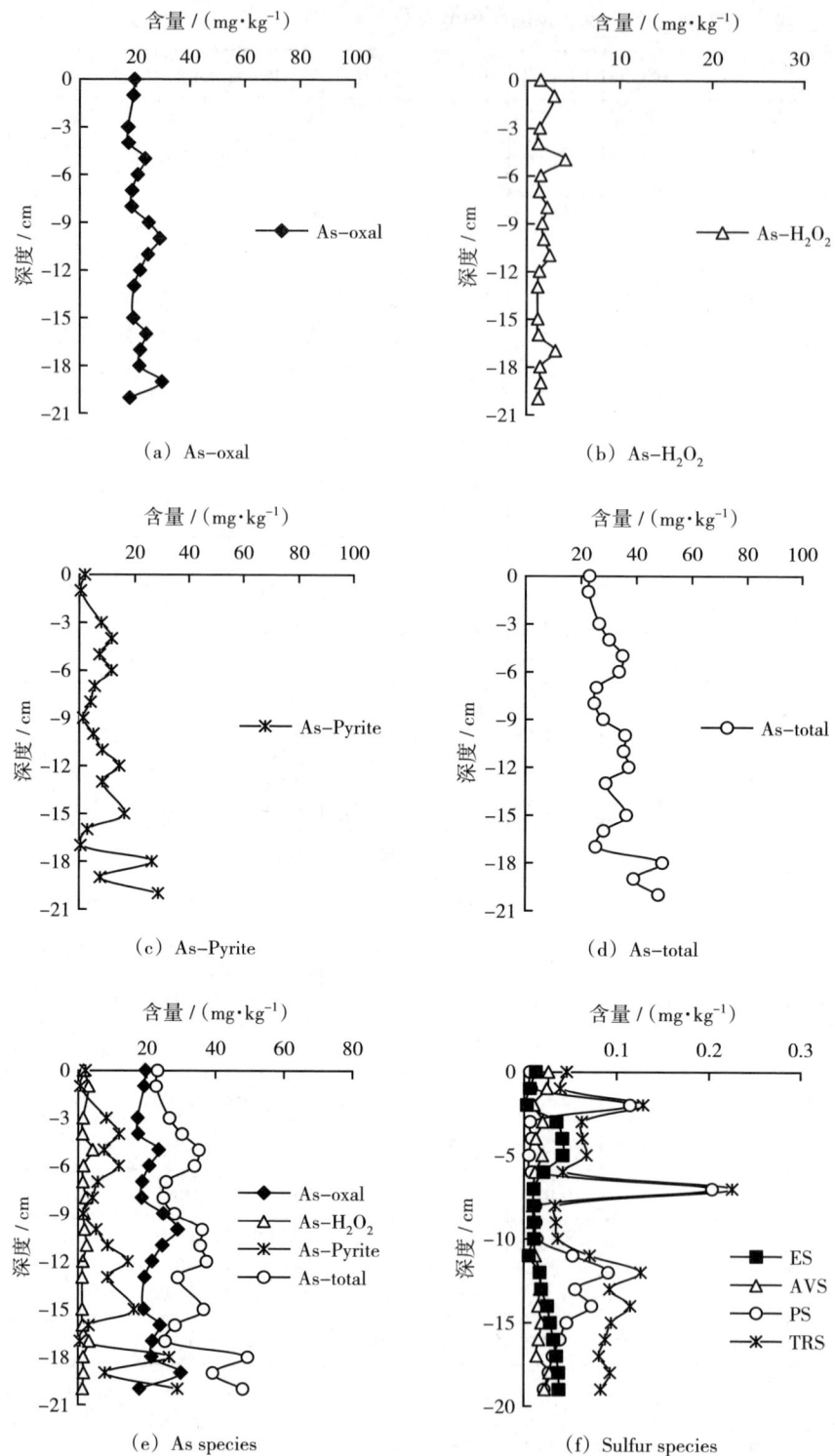

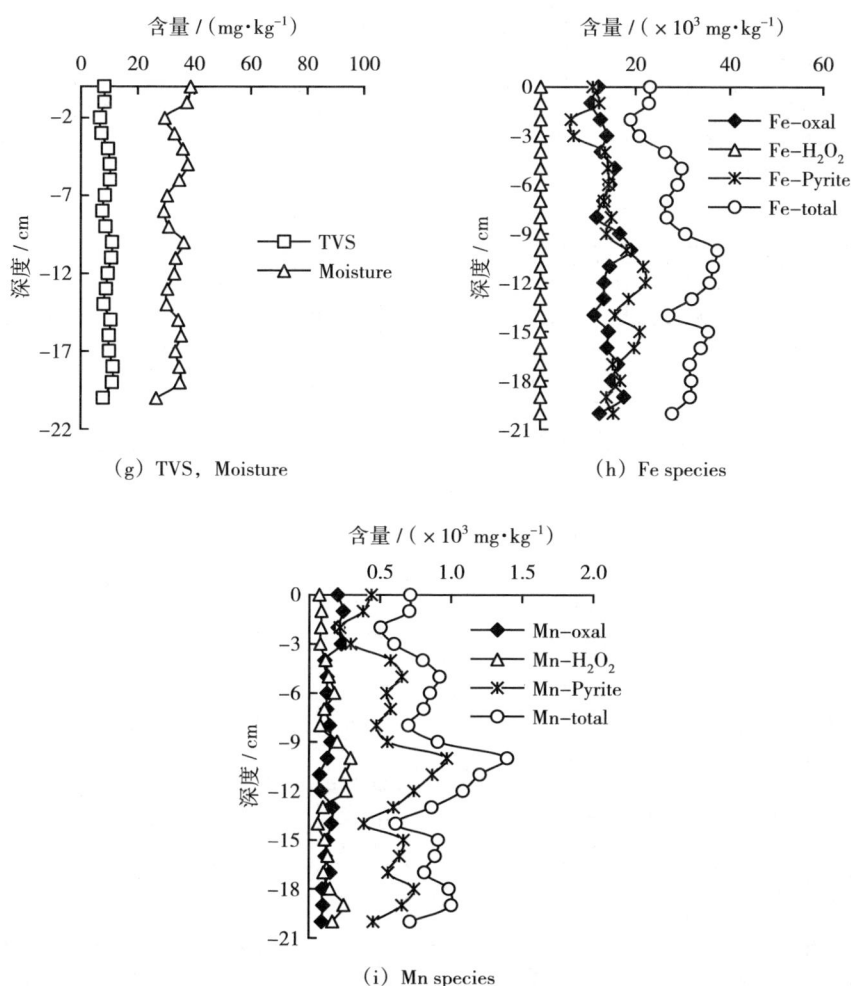

(g) TVS, Moisture

(h) Fe species

(i) Mn species

图 7-6 沱江流域简阳段沉积物中各砷、硫、铁、锰形态等的垂向分布图

7.3 金堂段和简阳段砷形态及各大参数对比

7.3.1 上覆水和间隙水中砷形态及含量对比

为了使上覆水和间隙水中各砷形态及 pH 值、DOC、TFe、TMn 的垂向分布对比结果更具有代表性，选取沉积物相同深度的结果进行对比并进行平均值的计算，对比结果见表 7-13，垂向分布对比见图 7-7。

表7-13 金堂段和简阳段上覆水和间隙水中各砷形态及pH值、DOC、TFe、TMn垂向分布对比结果

深度/cm	As(Ⅲ) 金堂	As(Ⅲ) 简阳	As(V) 金堂	As(V) 简阳	As(Inorg) 金堂	As(Inorg) 简阳	As(Org) 金堂	As(Org) 简阳	TAs 金堂	TAs 简阳	pH值 金堂	pH值 简阳	DOC 金堂	DOC 简阳	TFe 金堂	TFe 简阳	TMn 金堂	TMn 简阳
5	4.77	4.23	4.65	6.4	9.42	10.63	12.92	3.68	22.34	14.31	7.77	7.8	6.1	6.15	—	—	—	—
4.5	5.99	4.62	8.51	5	14.49	9.62	4.24	6.07	18.73	15.68	7.77	7.82	4.86	7.88	—	—	—	—
4	5.62	5.69	3.85	4.44	9.46	10.13	0.07	18.05	9.53	28.18	7.79	7.82	3.92	8.21	—	—	—	—
0.5	4.43	5.07	0.94	2.02	5.36	7.09	0.28	1.75	5.64	8.84	—	—	9.04	6.02	—	—	—	—
平均值	5.2	4.9	4.49	4.47	9.68	9.37	4.38	7.39	14.06	16.75	7.78	7.81	5.98	7.07	—	—	—	—
0	35.61	35.84	9.53	4.21	45.14	40.05	12.71	62.51	57.85	102.56	8.14	8.42	218.48	377.12	1.69	—	174.47	—
-1	6.16	15.07	20.42	2.77	26.58	17.84	10	22.19	36.58	40.03	8.4	8.39	116.76	211.88	19.48	—	180.45	759.5
-2	6.64	9.14	20.75	1.97	27.39	11.11	38.98	36.38	66.37	47.49	8.33	8.34	71.56	220.08	17.63	8.43	49.47	2420.92
-3	6.72	15.68	41.42	—	48.14	—	57.99	—	106.12	—	8.35	—	225.88	—	8.63	—	75.56	—
-4	5.84	—	20.05	9.78	25.89	25.46	48.78	55.01	74.67	80.47	8.34	8.14	164.36	241.84	—	—	—	3419.64
-5	4.32	12.46	36.78	0.43	41.09	12.89	20.72	32.51	61.81	45.4	8.3	7.87	299.48	255.52	—	—	—	2919.18
-6	16.07	19.7	32.84	6.11	48.91	25.81	41.94	36.15	90.84	61.96	8.36	8.20	378.2	346.56	6.13	—	—	—
-7	—	18.81	—	5.64	—	24.45	—	24.61	—	49.06	8.3	7.79	852	390.6	—	—	—	2345.9

表7-13（续）

深度/cm	As（Ⅲ）		As（Ⅴ）		As（Inorg）		As（Org）		TAs		pH值		DOC		TFe		TMn	
	金堂	简阳	金堂	简阳	金堂	简阳	金堂	简阳	金堂	简阳	金堂	简阳	金堂	简阳	金堂	简阳	金堂	简阳
-8	15.15	22.86	6.16	0.95	21.31	23.81	67.51	25.06	88.82	48.88	8.22	8.19	222.52	309.48	37.78	—	813.66	—
-9	75.72	12.06	4.92	14.58	80.64	26.64	—	35.15	—	61.79	8.17	8.38	321.08	216.88	29.35	5.46	111.16	726.52
-10	28.56	56.2	16.14	45.93	44.7	102.13	28.93	18.26	73.62	120.4	8.44	8.30	335.76	211.2	24.04	1.00	64.9	15.43
-11	17.12	—	24.06	—	41.18	—	32.10	—	73.28	—	8.35	8.30	320.24	97.26	7.97	6.51	268.56	12.22
-12	22.16	4.30	19.54	8.64	41.7	12.94	—	0.7	—	13.63	8.48	8.24	324.28	199.7	—	2.85	—	69.09
-13	20.93	—	5.79	—	26.72	—	47.68	—	74.4	—	8.39	8.30	262.8	331.4	—	0.01	389.61	1073.3
平均值	20.08	20.19	19.88	9.18	39.95	29.38	37.03	31.69	73.12	61.06	8.33	8.22	293.81	262.27	18.32	4.34	236.43	1376.17

注：—表示未测定。深度的单位为"cm"；水体中各砷形态的单位为"μg/L"；DOC的单位为"mg/L"；水体中TFe、TMn单位为"μg/L"。

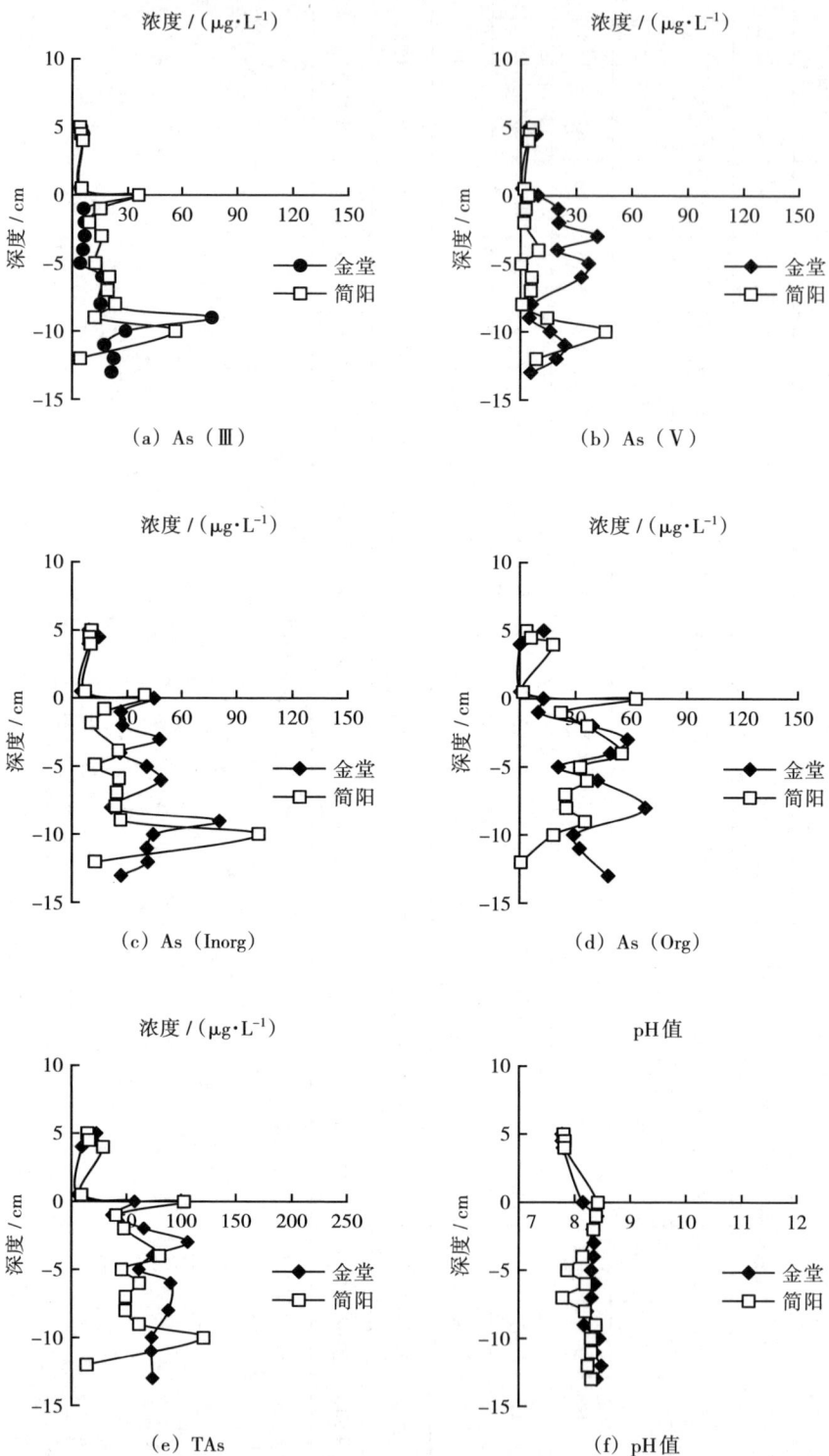

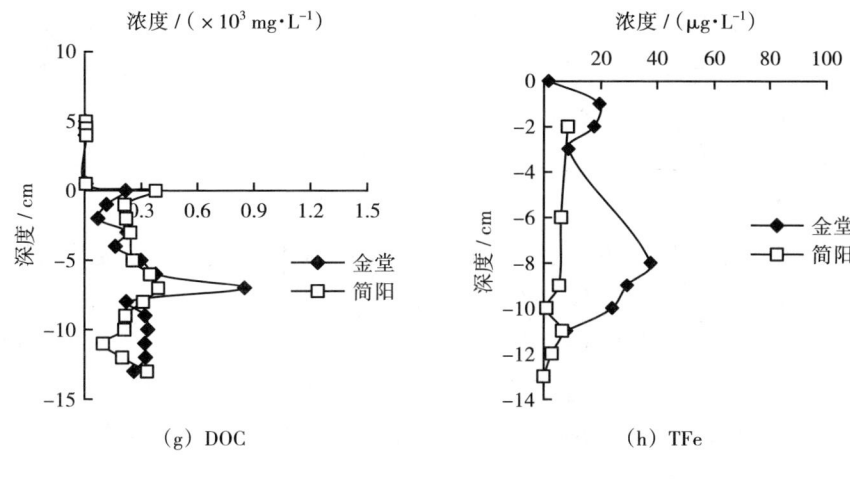

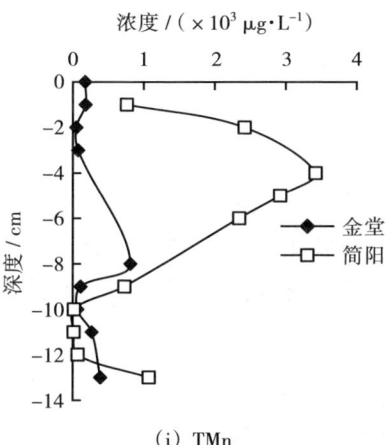

(i) TMn

图7-7 沱江流域金堂段与简阳段水体中各砷形态及pH值、
DOC、TFe、TMn垂向分布对比图

沱江流域金堂段和简阳段上覆水中各砷形态的含量差别不大，其含量均小于沉积物间隙中的含量，各砷形态均有从间隙水转移至上覆水导致上覆水水产品砷毒性增强的趋势。

由图7-7可知，沱江流域金堂段间隙水中As(Inorg)的含量高于简阳段间隙水中As(Inorg)的含量，而金堂段间隙水中As(Ⅲ)的含量基本低于简阳段间隙水中As(Ⅲ)的含量，As(Ⅴ)的含量分布规律刚好相反，说明了简阳段间隙水与金堂段间隙水相比具有更强的还原性。从平均含量来分析，简阳段沉积物中的Fe-total、Mn-total是高于金堂沉积物中的含量的，而简阳段间隙水中TFe的含量低于金堂段间隙水中TFe的含量，在还原性水体中造成这种分布的原因可能是SO_4^{2-}还原生成的S^{2-}结合生成了FeS（AVS），但从Fe-oxal与AVS的对比图可见，简阳段的Fe-oxal、AVS的含量是低于金堂段的Fe-oxal、AVS含量的，说明此结论不成立，分析造成简阳段间隙水中Fe-oxal含量较低的原因更多的是沉积物中锰氧化物或氢氧化物的还原作用优先于沉积物中铁氧化物或氢氧化物的还原作用，简阳段水体系中的氧化还原状态主要由锰控制，这与前面的分析结果一致，这种由锰优先控制的氧化还原环境导致了间隙水中As（Ⅲ）与As（Ⅴ）的分布特征，从而影响着砷形态的转化和迁移转化行为。

从图7-7（f）pH值的对比图可见，金堂段间隙水中pH值较简阳段间隙水中pH值高，更偏碱性。从总无机砷与总砷的对比图可见，金堂段间隙水中的含量均大于简阳段间隙水中的含量。OH^-的存在使得其与以吸附作用结合于沉积物组分中的砷酸盐或亚砷酸盐竞争吸附位点，而使更多的砷酸盐或亚砷酸盐从沉积物中释放至间隙水中，导致金堂段间隙水中具有更多的砷含量，增加了砷的迁移性，这与Rubinos[23]、Hiller[24]、李世玉[25]等的结论一致。

从图7-7（d）的对比图与图7-7（g）的对比图可见，金堂段间隙水中-5～0 cm段DOC的含量低于简阳段沉积物中DOC的含量，此段As（Org）的含量基本呈现出相同的趋势；-6 cm以下，DOC与As（Org）也基本呈现相同的趋势，即两者在简阳段间隙水中的含量低于金堂间隙水中的含量。两者间的这种相似分布特征也表明了水体中有机物含量与有机砷形态的相关性，水体中越高含量的DOC可以反映越高的As（Org）含量水平。水体中的As可以被溶解性有机质DOM络合，以溶解相存在于水体中或者以胶体相悬浮于水体中[26,27]。因此，对未被沉积物中无定形水合氧化铁吸附而存在于上覆水中的DOC，就砷形态间的毒性差异而言，其含量越高，水体中对水产品潜在的生物毒性效应将越低。

7.3.2 沉积物中砷形态及含量对比

沱江流域金堂段和简阳段沉积物中各砷形态的垂向分布对比结果见表7-14，垂向分布对比见图7-8，沉积物及间隙水中各砷形态与参数间差值的相关系数见表7-15。

第7章 沱江流域氮、磷形态对砷赋存形态转化行为的影响

表7-14 沱江流域金堂段和简阳段沉积物中各砷、铁、锰、硫形态及相关参数的垂向分布对比结果

	深度/cm	0	-1	-2	-3	-4	-5	-6	-7	-8	-9	-10	-11	-12	-13	-14	平均值
As-oxal	金堂	5.16	26.79	28.2	19.53	24.15	20.19	17.84	19.01	29.22	22.38	17.76	17.47	21.2	23.87	24.23	21.13
	简阳	19.53	19.12	—	17.18	17.35	23.48	20.71	18.62	18.48	24.86	29	24.61	21.62	19.39	—	21.07
	Δ	-14.37	7.68	—	2.35	6.81	-3.29	-2.87	0.39	10.74	-2.48	-11.24	-7.14	-0.42	4.48	2.86	0.061
As-H$_2$O$_2$	金堂	2.7	4.61	5.51	3.13	3.49	2.68	2.52	2.72	3.98	3.92	2.57	1.86	2.66	3.3	—	3.23
	简阳	1.45	2.94	—	1.4	1.21	4.14	1.5	1.35	2.19	1.67	1.83	2.48	1.39	1.19	—	1.9
	Δ	1.25	1.66	—	1.73	2.28	-1.46	1.01	1.38	1.79	2.25	0.74	-0.62	1.27	2.11	—	1.33
As-Pyrite	金堂	26.46	3.74	3.41	8.37	3.63	5.28	6.97	0.60	5.40	8.13	1.23	8.52	7.97	7.04	9.51	7.08
	简阳	2.06	0.57	—	7.97	11.59	7.37	11.55	5.64	4.15	1.49	5.16	8.37	14.28	8.41	—	6.82
	Δ	24.4	3.17	—	0.40	-7.96	-2.09	-4.59	-5.04	1.25	6.64	-3.94	0.15	-6.31	-1.37	—	0.27
As-total	金堂	34.31	35.14	37.12	31.02	31.27	28.14	27.32	22.33	38.6	34.43	21.56	27.86	31.82	34.21	36.6	31.45
	简阳	23.04	22.63	—	26.55	30.15	34.99	33.77	25.6	24.82	28.02	35.99	35.46	37.28	29.00	—	29.79
	Δ	11.28	12.51	—	4.47	1.13	-6.85	-6.45	-3.28	13.78	6.4	-14.44	-7.6	-5.46	5.21	—	1.66
ES	金堂	0.120	0.160	0.120	0.060	0.066	0.039	0.045	0.024	0.043	0.054	0.025	0.041	0.02	0.029	0.025	0.058
	简阳	0.013	0.006	0.003	0.035	0.042	0.042	0.021	0.011	0.011	0.011	0.011	0.006	0.018	0.019	0.026	0.018
	Δ	0.110	0.160	0.120	0.025	0.024	-0.003	0.024	0.013	0.032	0.043	0.014	0.035	0.002	0.010	-0.001	0.040

表7-14（续）

深度/cm		0	-1	-2	-3	-4	-5	-6	-7	-8	-9	-10	-11	-12	-13	-14	平均值
AVS	金堂	0.094	0.06	0.037	0.079	0.024	0.037	0.035	0.04	0.041	0.042	0.056	0.022	0.03	0.043	0.017	0.044
	简阳	0.027	0.025	0.011	0.02	0.013	0.02	0.012	0.011	0.01	0.01	0.011	0.013	0.018	0.018	0.016	0.016
	Δ	0.067	0.035	0.026	0.059	0.011	0.017	0.023	0.029	0.031	0.032	0.045	0.009	0.012	0.025	0.001	0.028
PS	金堂	0.036	0.160	0.160	0.013	0.066	0.025	0.072	0.042	0.065	0.120	0.014	0.031	0.017	0.003	0.016	0.056
	简阳	0.006	0.008	0.120	0.007	0.009	0.006	0.008	0.200	—	0.013	0.014	0.053	0.091	0.056	0.073	0.047
	Δ	0.030	0.160	0.047	0.006	0.057	0.019	0.064	-0.160	0.150	0.110	0	-0.022	-0.074	-0.053	-0.057	0.009
TRS	金堂	0.250	0.390	0.320	0.150	0.160	0.100	0.150	0.110	—	0.220	0.095	0.094	0.067	0.075	0.058	0.160
	简阳	0.046	0.039	0.130	0.062	0.064	0.068	0.041	0.230	—	0.034	0.036	0.072	0.130	0.093	0.120	0.082
	Δ	0.200	0.350	0.190	0.09	0.092	0.033	0.110	-0.120	—	0.180	0.059	0.022	-0.060	-0.018	-0.057	0.076
Fe-oxal	金堂	16682.1	20409.0	—	15969.4	17596.9	15037.8	13878.0	14795.6	18351.5	14185.9	13199.3	13471.4	14649.6	16349.3	16145.1	15765.8
	简阳	12123.5	10564.2	12510.4	13851.2	12742.9	15582.7	14566.4	13262.9	11786.3	16654.4	19057.3	14536.0	13384.7	13342.9	11320.9	13685.8
	Δ	4558.6	9844.8	—	2118.1	4854.0	-544.9	-688.5	1532.7	6565.2	-2468.6	-5858.0	-1064.6	1264.9	3006.4	4824.3	2080.0
Fe-H$_2$O$_2$	金堂	46.74	—	—	37.72	—	—	41.05	—	19.72	27.5	26.32	53.95	21.71	38.12	—	34.76
	简阳	16.67	19.45	16.68	18.68	29.07	27.32	60.98	24.75	23.28	64.36	125.82	93.95	92.77	17.85	15.71	43.16
	Δ	30.07	—	—	19.04	—	—	-19.93	—	-3.56	-36.86	-99.5	-40.01	-71.06	20.28	—	-8.40

表7-14（续）

深度/cm		0	-1	-2	-3	-4	-5	-6	-7	-8	-9	-10	-11	-12	-13	-14	平均值
Fe-Pyrite	金堂	9229.8	—	—	9209.9	—	—	10509.3	—	6079.4	9563.3	6493.1	20509.8	15393.9	14456.7	—	11271.7
	简阳	10938.7	12255.0	6415.6	6960.8	13518.5	14160.1	14310.9	13361.2	14883.2	13867.4	18172.2	21763.4	22243.5	18625.4	15717.8	14479.6
	Δ	-1708.8	—	—	2249.2	—	—	-3801.6	—	-8803.8	-4304.2	-11679.1	-1253.6	-6849.6	-4168.7	—	-3207.9
Fe-total	金堂	25958.6	28039.1	27183.3	25217.0	25381.5	24554.0	24428.2	20630.0	24450.6	23776.6	19718.6	34035.2	30065.2	30844.1	30885.1	26344.5
	简阳	23078.8	22838.6	18942.7	20831.0	26290.4	29770.1	28938.2	26648.8	26692.8	30586.2	37355.2	36393.3	35721.0	31986.2	27054.4	28208.5
	Δ	2879.8	5200.6	8240.6	4386.3	-908.9	-5216.1	-4510.0	-6018.8	-2242.2	-6809.6	-17636.6	-2358.2	-5655.8	-1142.0	3830.7	-1864.0
Mn-oxal	金堂	235.93	326.61	412.42	95.95	199.29	101.45	144.14	182.99	144.6	193.7	177.92	59.79	140.06	129.78	165.79	180.69
	简阳	200.31	238.93	202.95	226.24	109.87	126.23	126.00	124.38	144.36	154.74	129.61	75.94	83.49	167.68	158.3	151.27
	Δ	35.62	87.68	209.47	-130.29	89.43	-24.78	18.14	58.61	0.24	38.96	48.31	-16.15	56.57	-37.90	7.49	29.43
Mn-H$_2$O$_2$	金堂	234.35	131.71	129.89	211.42	199.34	138.65	183.22	112.74	198.52	113.39	159.84	225.7	254.7	290.27	171.63	186.91
	简阳	72.07	86.50	83.51	79.13	116.24	—	178.5	108.1	79.54	198.95	293.63	258.09	260.83	100.35	64.66	141.25
	Δ	162.28	45.21	46.38	132.29	83.10	—	4.72	4.64	118.98	-85.56	-133.78	-32.38	-6.13	189.93	106.96	45.66
Mn-Pyrite	金堂	394.11	1047.5	1185.74	124.77	487.20	654.3	364.18	737.54	283.65	591.07	524.09	-29.94	267.59	177.34	468.65	473.11
	简阳	439.64	380.25	217.44	294.16	574.84	—	548.23	575.32	476.61	553.57	972.43	869.78	740.82	597.59	389.95	552.33
	Δ	-45.52	667.25	968.31	-169.39	-87.64	—	-184.05	162.22	-192.96	37.5	-448.34	-899.72	-473.24	-420.25	78.7	-79.22

表7-14（续）

深度/cm		0	-1	-2	-3	-4	-5	-6	-7	-8	-9	-10	-11	-12	-13	-14	平均值
Mn-total	金堂	864.39	1505.82	1728.05	432.15	885.83	468.15	691.53	1033.28	626.77	898.16	861.86	255.55	662.35	597.39	806.06	821.16
	简阳	712.01	705.68	503.9	599.54	800.95	919.18	852.72	807.8	700.51	907.26	1395.67	1203.81	1085.14	865.62	612.91	844.85
	Δ	152.38	800.14	1224.15	-167.39	84.88	-451.03	-161.19	225.47	-73.74	-9.10	-533.81	-948.26	-422.79	-268.23	193.15	-23.69
TVS	金堂	13.65	10.85	11.93	11.1	11.25	10.84	10.42	8.86	11.54	10.78	10.32	11.70	10.57	10.86	10.28	11.00
	简阳	8.20	8.28	6.71	7.23	9.54	10.17	10.23	8.47	7.60	8.70	11.02	10.73	9.53	8.91	8.07	8.89
	Δ	5.44	2.57	5.23	3.88	1.71	0.66	0.19	0.38	3.94	2.08	-0.7	0.970	1.04	1.95	2.22	2.10
含水率	金堂	56.64	48.49	55.97	45.27	41.82	32.84	30.77	30.52	40.15	36.03	31.57	33.93	32.7	34.14	32.59	38.9
	简阳	38.63	37.32	29.5	32.95	35.94	37.67	34.69	30.38	29.23	31.02	36.31	33.48	33.02	30.54	30.21	33.39
	Δ	18.01	11.17	26.47	12.32	5.88	-4.84	-3.92	0.14	10.92	5.01	-4.74	0.45	-0.32	3.60	2.39	5.50

注：—，表示未测定；Δ，表示相应形态的差值，本研究中是用金堂的含量减去简阳的含量所得。

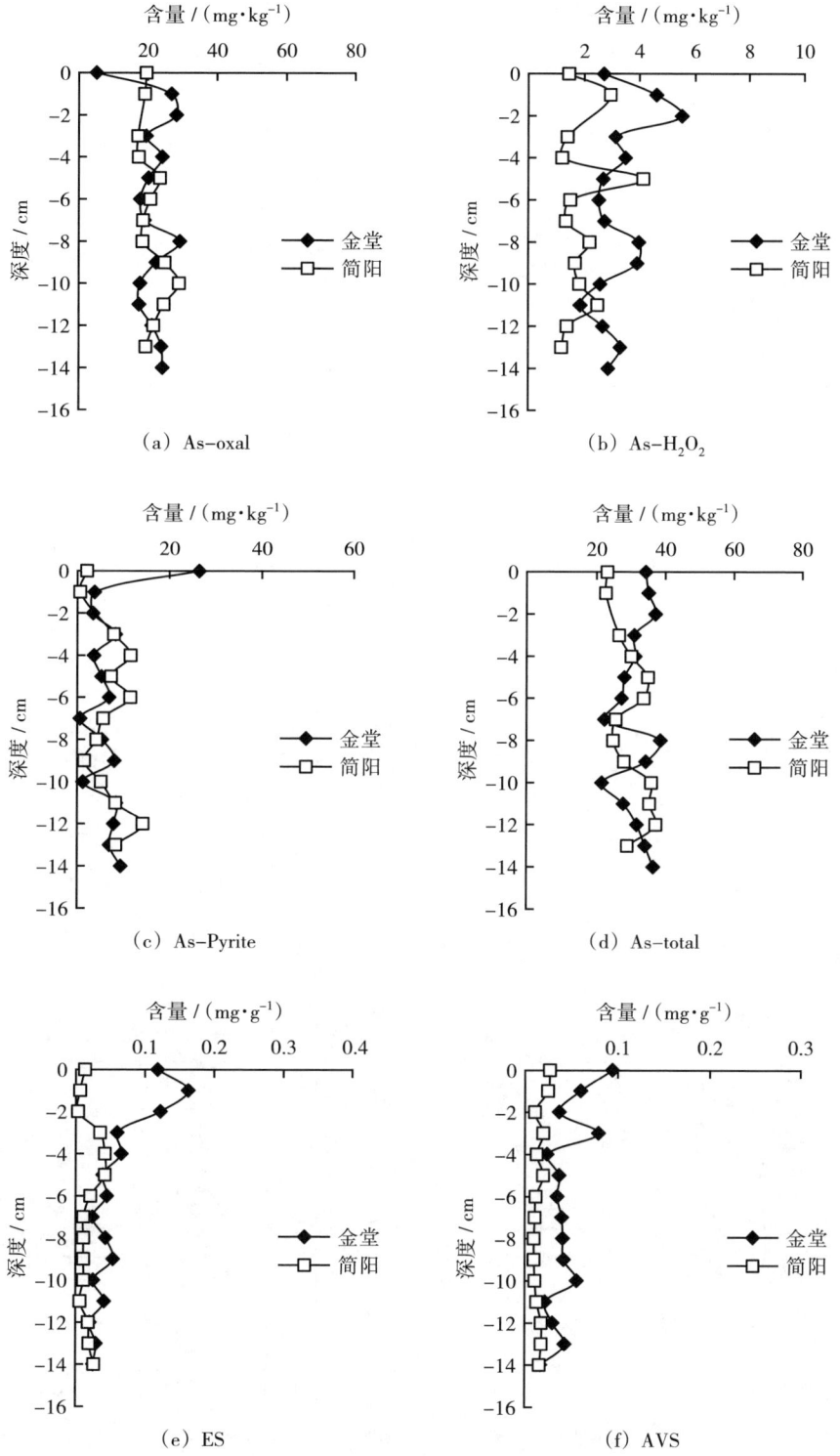

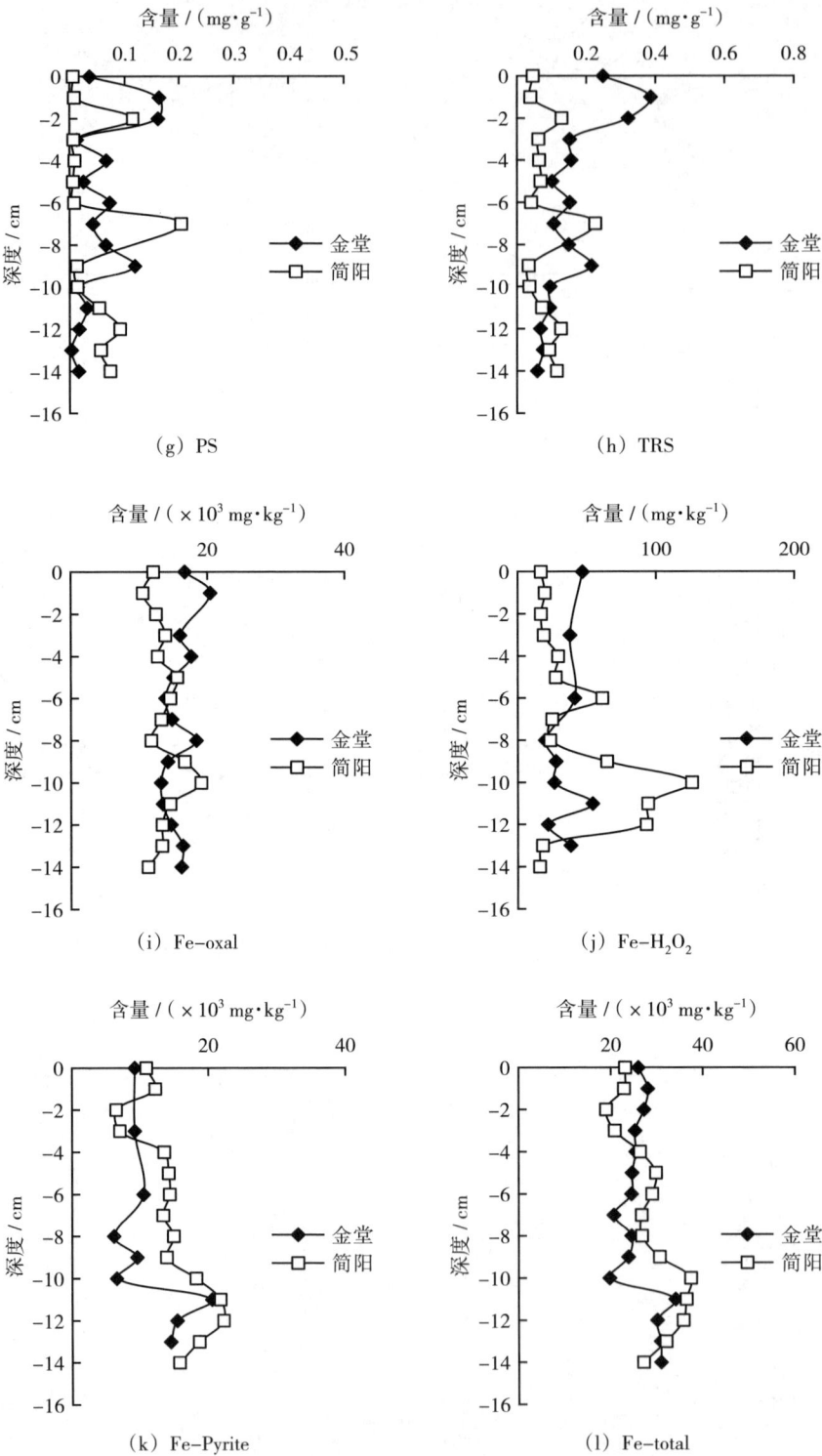

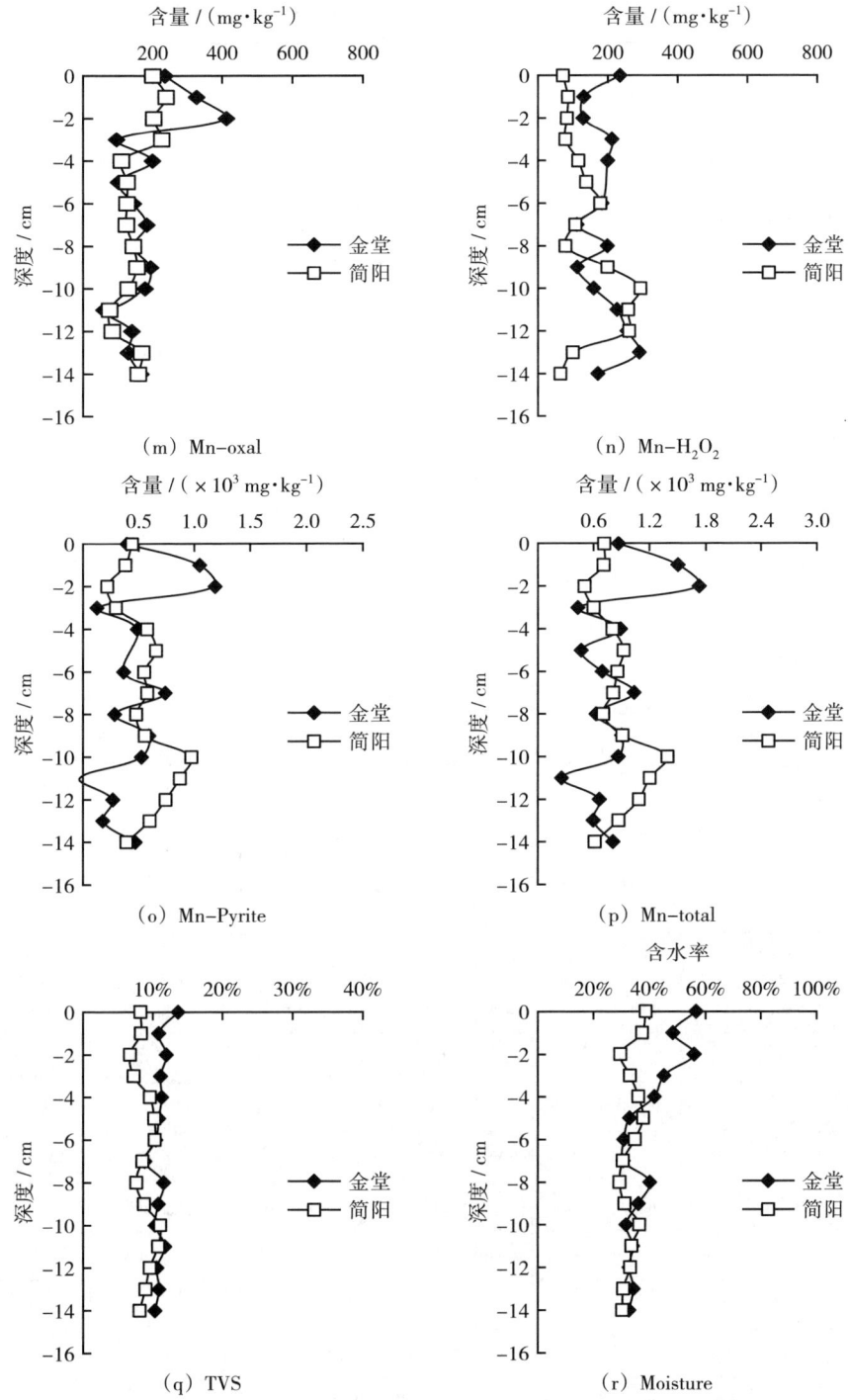

图 7-8 沱江金堂段与简阳段沉积物中各砷、硫、铁、锰形态及 TVS、含水率的垂向分布对比图

表7-15 沱江流域金堂段和简阳段沉积物及

	ΔAs-oxal	ΔAs-H$_2$O$_2$	ΔAs-Pyrite	ΔAs-total	ΔES	ΔAVS	ΔPS	ΔTRS	ΔFe-oxal	ΔFe-H$_2$O$_2$	ΔFe-Pyrite	ΔFe-total	ΔMn-oxal
Δ As-oxal	1												
ΔAs-H$_2$O$_2$	0.48	1											
Δ As-Pyrite	-0.44	0.067	1										
Δ As-total	0.477	0.583*	0.574*	1									
Δ ES	0.02	0.225	0.627*	0.627*	1								
Δ AVS	-0.327	0.264	0.686**	0.4	0.408	1							
Δ PS	0.121	0.146	0.308	0.437	0.626*	0.225	1						
Δ TRS	0.04	0.225	0.543	0.624*	0.859**	0.457	0.923**	1					
Δ Fe-oxal	0.640*	0.407	0.234	0.797**	0.538*	0.004	0.197	0.338	1				
Δ Fe-H$_2$O$_2$	0.282	0.401	0.54	0.788**	0.491	0.428	0.12	0.355	0.766*	1			
Δ Fe-Pyrite	-0.048	-0.043	0.342	0.288	0.352	0.232	0.142	0.279	0.270	0.658	1		
Δ Fe-total	0.397	0.249	0.394	0.726**	0.562*	0.039	0.239	0.382	0.813**	0.891**	0.819**	1	
Δ Mn-oxal	-0.007	0.208	-0.044	-0.021	0.529*	-0.184	0.228	0.328	0.147	-0.577	-0.668*	0.123	1
Δ Mn-H$_2$O$_2$	0.381	0.413	0.323	0.671*	0.114	0.16	-0.092	0.015	0.718**	0.904**	0.451	0.696**	-0.294
Δ Mn-Pyrite	0.368	0.576*	0.22	0.575	0.687**	0.132	0.383	0.53	0.591*	0.415	0.08	0.563*	0.643*
Δ Mn-total	0.422	0.579*	0.273	0.675*	0.708**	0.144	0.334	0.516	0.717**	0.575	0.11	0.637*	0.667**
Δ TVS	0.152	0.388	0.745**	0.866**	0.605*	0.443	0.291	0.509	0.636*	0.800**	0.465	0.778**	0.145
Δ Moisture	0.208	0.517	0.699**	0.886**	0.741**	0.426	0.336	0.580*	0.679**	0.771*	0.467	0.759**	0.381
Δ As(Ⅲ)	0.023	0.405	0.192	0.235	-0.047	-0.219	0.193	0.04	-0.151	-0.009	0.191	-0.029	0.088
Δ As(Ⅴ)	0.32	-0.425	-0.123	0.098	0.103	-0.459	0.104	0.034	0.412	0.544	0.603	0.579	-0.015
Δ As(In-org)	0.194	0.033	0.115	0.276	0.028	-0.37	0.195	0.056	0.108	0.349	0.698	0.372	-0.046
Δ As(Org)	0.563	0.158	-0.644	-0.114	-0.393	-0.45	-0.039	-0.342	-0.115	-0.414	-0.717	-0.319	-0.065
Δ TAs	0.698	-0.065	-0.441	0.174	-0.155	-0.681	0.304	-0.038	0.262	0.269	0.022	0.301	-0.048
Δ pH	0.221	-0.369	-0.768**	-0.582*	-0.590*	-0.535	-0.589*	-0.694*	-0.163	-0.52	-0.446	-0.356	-0.132
Δ DOC	-0.205	-0.276	-0.421	-0.599*	-0.524	-0.277	-0.665*	-0.691*	-0.53	-0.806*	-0.083	-0.584*	-0.225
Δ TFe	0.07	0.867	0.163	0.228	-0.361	0.899	0.563	0.336	-0.702	-0.431	-0.702	-0.652	-0.029
Δ TMn	-0.644	-0.8	-0.499	-0.732	-0.567	0.212	-0.262	-0.387	-0.461	-0.349	0.141	-0.519	-0.784*

注:*,表示在0.05水平(双侧)上显著相关;**,表示在0.01水平(双侧)上显著相关。

间隙水中各砷形态与参数间差值的相关系数

ΔMn-H$_2$O$_2$	ΔMn-Pyrite	ΔMn-total	ΔTVS	ΔMoisture	ΔAs(Ⅲ)	ΔAs(Ⅴ)	ΔAs(Inorg)	ΔAs(Org)	ΔTAs	ΔpH	ΔDOC	ΔTFe	ΔTMn
1													
0.137	1												
0.252	0.989**	1											
0.642*	0.495	0.581*	1										
0.49	0.663**	0.730**	0.943**	1									
−0.256	0.012	0.018	0.06	0.016	1								
0.583	0.445	0.25	0.138	0.076	−0.09	1							
0.119	0.253	0.157	0.182	0.086	0.761**	0.569*	1						
−0.32	−0.188	−0.152	−0.243	−0.199	−0.297	−0.163	−0.235	1					
0.243	0.262	0.165	0.066	0.024	0.323	0.622*	0.613*	0.624*	1				
−0.184	−0.137	−0.229	−0.662*	−0.605*	−0.402	0.441	−0.065	0.314	0.348	1			
−0.586*	−0.351	−0.423	−0.689**	−0.628*	0.291	−0.335	0.04	0.283	−0.114	0.587*	1		
−0.707	0.117	0.039	−0.317	−0.304	0.301	−0.888	−0.132	—	—	−0.277	−0.009	1	
−0.209	−0.808*	−0.846*	−0.701	−0.813*	−0.138	−0.725	−0.42	0.085	−0.899	0.282	0.799	0.092	1

从表7-14可见，沉积物中As-oxal、As-H₂O₂、As-Pyrite及As-total的平均含量均是金堂段大于简阳段，这应该是受两段河流沉积物的组分组成结构和含量的影响较大的原因。从两地Fe-oxal对比图7-8（i）与Mn-oxal对比图7-8（m），各硫形态的垂向分布对比图7-8（e~h），TVS对比图7-8（q）可见，基本都是金堂段的含量大于简阳段的含量，从而导致了沉积物中各砷形态的总体含量分布金堂段大于简阳段。

从图7-8（a）可见，沱江流域金堂段沉积物表层-8 cm以上铁锰结合态砷（As-oxal）的含量基本高于简阳段沉积物中As-oxal的含量，这与沉积物中Fe-oxal的变化趋势基本一致，从表7-15可见，金堂和简阳两地的差值Δ As-oxal与Δ Fe-oxal的相关系数$r = 0.640$（$P < 0.05$），两者的正相关关系结合其垂向分布对比图分析，沉积物中含铁矿物的含量越多，铁锰结合态砷（As-oxal）的含量越多。由图7-8（q）可知，金堂段沉积物中有机质的含量是高于简阳段沉积物中有机质的含量，再由图7-8（b）可见，金堂段沉积物中有机结合态砷（As-H₂O₂）的含量基本高于简阳段沉积物中As-H₂O₂的含量，因此，可以推测高含量的有机质可以导致沉积物中高含量的As-H₂O₂，这与前面的分析一致。

由表7-15可知，沉积物中Δ As-total与沉积物中Δ TRS（$r = 0.624$，$P < 0.01$）、Δ Fe-total（$r = 0.726$，$P < 0.01$）、Δ Mn-total（$r = 0.675$，$P < 0.05$）、Δ TVS（$r = 0.866$，$P < 0.05$）以及Δ 含水率（$r = 0.886$，$P < 0.01$）均呈现显著正相关关系，再次说明沉积物中硫、铁、锰的形态及含量变化、有机质以及含水率的含量变化共同影响着砷形态的垂向分布特征，影响着砷形态的迁移转化行为以及对生物体的毒性效应。

7.4 参考文献

[1] 陈国元.富营养化浅水湖泊氮素分布与硝化作用研究[D].武汉：中国科学院水生生物研究所，2009.

[2] 罗专溪，魏群山，王振红，等.淡水水体溶解有机氮对有毒藻种的生物有效性[J].生态环境学报，2010，19（1）：45-50.

[3] 董丽娴.溶解性有机质对砷形态及藻类有效性的影响[D].上海：同济大学，2008.

[4] 杨杉，吴胜军，蔡延江，等.硝态氮异化还原机制及其主导因素研究进展

[J]. 生态学报, 2016, 36 (5): 1-9.

[5] 李巧, 周金龙, 曾妍妍, 等. 奎屯河及玛纳斯河流域平原区地下水中氮素对砷迁移富集的影响 [J]. 环境化学, 2017, 36 (10): 2227-2234.

[6] 罗婷, 景传勇. 地下水砷污染形成机制研究进展 [J]. 环境化学, 2011, 30 (1): 77-83.

[7] SPENCER R G M, STUBBINS A, HERNES P J, et al. Photochemical degradation of dissolved organic matter and dissolvedlignin phenols from the Congo River [J]. Journal of Geophysical Research. Biogeosciences, 2009, 114 (G3): 12.

[8] ZHANG Y L, ZHANG E L, YAN Y, et al. Characteristics and sources of chromophoric dissolved organic matter in lakes of the Yungui Plateau, China, differing in trophic state and altitude [J]. Limnology and Oceanography, 2010, 55 (6): 2645-2659.

[9] 陈振楼, 黄荣贵, 万国江. 红枫湖沉积物-水界面Fe、Mn的分布和迁移特征 [J]. 科学通报, 1992, 37 (21): 1974-1977.

[10] LUO S, WAN G, HUANG R. Characteristics of distribution and removal of Fe and Mn at the sediment-water interface of Erhai Lake, Yunnan Province [J]. Chongqing Environmental Science, 2000 (6): 19-21.

[11] SCHAEFER M V, GUO X, GAN Y, et al. Redox controls on arsenic enrichment and release from aquifer sediments in central Yangtze River Basin [J]. Geochimica Et Cosmochimica Acta, 2017, 204: 104-119.

[12] 徐伟, 铁锰复合氧化物表面砷解吸及锑吸附行为研究 [D]. 北京: 中国科学院大学, 2011.

[13] 尹洪斌, 范成新, 丁士明, 等. 太湖沉积物中无机硫的化学特性 [J]. 中国环境科学, 2008, 28 (2): 183-187.

[14] 陈云嫩, 柴立元. 砷在地下水环境中的迁移转化 [J]. 有色金属工程, 2008, 60 (1): 109-112.

[15] 陈维芳, 王宏岩, 于哲, 等. 阳离子表面活性剂改性的活性炭吸附砷 (V) 和砷 (Ⅲ) [J]. 环境科学学报, 2013, 33 (12): 3197-3204.

[16] 杨婧, 朱永官. 微生物砷代谢机制的研究进展 [J]. 生态毒理学报, 2009, 4 (6): 761-769.

[17] 李梦莹, 郑毅, 刘云根, 等. 阳宗海湖滨湿地沉积物砷和有机质对磷赋存形态的影响 [J]. 农业环境科学学报, 2016, 35 (11): 2171-2179.

[18] 梁海清. 湖泊沉积物有机磷、有机碳形态及其迁移、转化 [D]. 呼和浩特: 内蒙古农业大学, 2007.

[19] RULLKÖTTER J. Organic matter: The driving force forearly diagenesis [M] // Schulz H D, Zabel M. Marine Geochemistry. Springer, Berlin, Heidelberg: 2006.

[20] 吴雪停, 刘丽华, 吴能友, 等. 海洋沉积物中早期成岩作用地球化学研究进展 [J]. 海洋地质前沿, 2015, 31 (12): 17-26.

[21] FROELICH P N, KLINKHAMMER G P, BENDER M L, et al. Early oxidation of organic matter in pelagic sediments of the eastern equatorial Atlantic: suboxic diagenesis [J]. Geochimica Et Cosmochimica Acta, 1979, 43 (7): 1075-1090.

[22] 潘向忠, 郭二民, 林琦, 等. 钱塘江杭州段沉积物中铁锰的分布特征 [J]. 环境科学与技术, 2011, 34 (10): 67-70.

[23] RUBINOS D A, IGLESIAS L, DIAZ-FIERROS F, et al. Interacting effect of pH, phosphate and time on the release of arsenic from polluted river sediments (Anllóns Rivers, Spain) [J]. Aquatic Geochemistry, 2011, 17 (3): 281-306.

[24] HILLER E, JURKOVIČ L, KORDÍK J, et al. Arsenic mobility from anthropogenic impoundment sediments-consequences of contamination to biota, water and sediments, Poša, Eastern Slovakia [J]. Applied Geochemistry, 2009, 24 (11): 2175-2185.

[25] 李世玉, 刘彬, 杨常亮, 等. 上覆水 pH 值和总磷浓度对含铁盐的高砷沉积物中砷迁移转化的影响 [J]. 湖泊科学, 2015, 27 (6): 1101-1106.

[26] XIE Y, GUO C, MA R, et al. Effect of dissolved organic matter on arsenic removal by nanofiltration [J]. Desalination and Water Treatment, 2013, 51 (10/12): 2269-2274.

[27] 刘广良, 蔡勇. 环境中砷与溶解有机质的络合作用 [J]. 环境化学, 2011, 30 (1): 50-55.

第8章 水体富营养化程度对砷赋存形态迁移转化的影响

水体富营养化是指由于生源要素氮、磷的过量输入,导致藻类、浮游植物或水生植物大量生长,水体溶解氧含量急剧下降,严重破坏水生生态环境的现象[1]。水体富营养化程度主要取决于水体中氮、磷等营养物质的含量。氮磷比在水生生态系统中起着重要作用,是研究营养结构、生物多样性和生物循环变化的重要组成部分,在氮磷比适合水体系中浮游植物生长时,有可能会暴发蓝藻水华等污染事件,打破水生生态系统的良性循环,改变水体或沉积物所处的环境,引起其他污染元素如砷等赋存形态的迁移和转化。

8.1 沱江流域金堂段与简阳段TDN、TDP的含量及TDN与TDP比值的分布情况

国际上对富营养化分级没有通用的标准,表8-1为郭卫东[2]、简慧兰[3]等对潜在性富营养化评价海水营养级的划分,本研究参照此分级标准对研究的沱江流域金堂段和简阳段水质富营养化水平进行评价,TDN、TDP以及两者的比值和营养评价结果见表8-2。沱江流域金堂段,简阳段上覆水及间隙水中氮、磷、砷赋存形态以及TDN/TDP的平均值结果见表8-3;上覆水及间隙水中TDN/TDP与各砷形态及参数的相关系数见表8-4。

表8-1 潜在性富营养化评价海水营养级的划分

级别	营养级	TDN含量/(mg·L^{-1})	TDP含量/(mg·L^{-1})	TDN/TDP
I	贫营养	< 0.200	< 0.030	8 ~ 30
II	中度营养	0.200 ~ 0.300	0.030 ~ 0.045	8 ~ 30
III	富营养	> 0.300	> 0.045	8 ~ 30
IVP	磷限制中度营养	0.200 ~ 0.300	—	> 30

表 8-1（续）

级别	营养级	TDN 含量 / (mg·L^{-1})	TDP 含量 / (mg·L^{-1})	TDN/TDP
VP	磷中等限制潜在性富营养化	> 0.300	—	30 ~ 60
VIP	磷限制潜在性富营养化	> 0.300	—	> 60
IVN	氮限制中度营养	—	0.030 ~ 0.045	< 8
VN	氮中等限制潜在性富营养化	—	> 0.045	4 ~ 8
VIN	氮限制潜在性富营养化	—	> 0.045	< 4

表 8-2　沱江流域金堂段、简阳段水体中 TDN、TDP，TDN/TDP 及营养评价结果

金堂					简阳				
深度 / cm	TDN / (mg·L^{-1})	TDP / (mg·L^{-1})	TDN / TDP	营养级	深度 / cm	TDN / (mg·L^{-1})	TDP / (mg·L^{-1})	TDN / TDP	营养级
5.5	—	—	—	均为富营养化水平	5.5	5.55	0.47	11.81	均为富营养化水平
5	8.25	0.44	18.75		5	5.3	0.57	9.30	
4.5	9.94	0.48	20.71		4.5	4.79	0.69	6.94	
4	6.31	0.47	13.43		4	4.87	0.78	6.24	
0.5	3.69	0.13	28.38		0.5	2.51	0.19	13.21	
0	31.73	0.99	32.05		0	9.1	0.11	82.73	
−1	20.8	0.48	43.33		−1	9.52	0.11	86.55	
−2	18.05	0.11	164.09		−2	8.08	0.08	101.00	
−3	28.59	0.37	77.27		−3	44.88	—	—	
−4	17.8	1.14	15.61		−4	13.8	0.06	230.00	
−5	31.26	1.85	16.90		−5	14.5	0.17	85.29	
−6	11.24	0.14	80.29		−6	14.67	0.14	104.79	
−7	36.6	0.65	56.31		−7	17.04	0.37	46.05	
−8	11.54	0.40	28.85		−8	19.49	0.2	97.45	
−9	27.59	0.14	197.07		−9	12.05	0.08	150.63	
−10	14.46	1.50	9.64		−10	16.95	0.95	17.84	
−11	18.63	0.68	27.40		−11	14.16	0.53	26.72	

表8-2（续）

深度/cm	金堂				深度/cm	简阳			
	TDN /(mg·L^{-1})	TDP /(mg·L^{-1})	TDN /TDP	营养级		TDN /(mg·L^{-1})	TDP /(mg·L^{-1})	TDN /TDP	营养级
-12	8.54	0.77	11.09		-12	14.08	0.65	21.66	
-13	26.09	0.14	186.36		-13	14.65	1.24	11.81	
-14	18.75	0.11	170.45		-14	13.74	2.41	5.70	
-15	—	—	—		-15	—	3.28		
-16	—	—	—		-16	12.31	3.2	3.85	
-17	—	—	—		-17	12.9	—	—	
-18	—	—	—		-18	10.62	—	—	
-19	—	—	—		-19	9.01	—	—	
-20	—	—	—		-20	8.93	0.62	14.40	

注：—表示未测定。

表8-3 沱江流域金堂段、简阳段上覆水及间隙水中氮、磷、砷赋存形态及TDN/TDP的平均值结果

赋存形态		SRP	SUP	TDP	NH$_4^+$-N	NO$_2^-$-N	NO$_3^-$-N	DON	TDN	TDN/TDP
上覆水	平均值（金堂）	0.44	0.16	0.61	1.85	0.030	2.12	3.07	7.05	20.32
	平均值（简阳）	0.40	0.14	0.54	0.28	0.010	2.43	1.88	4.60	11.88
间隙水	平均值（金堂）	0.20	0.43	0.63	5.47	0.051	1.82	14.12	21.45	74.45
	平均值（简阳）	0.11	0.80	0.84	8.47	0.045	3.94	2.05	14.52	67.90

赋存形态		As(Ⅲ)	As(Ⅴ)	As(Inorg)	As(Org)	TAs	pH值	DOC	TFe	TMn
上覆水	平均值（金堂）	5.20	4.49	9.68	4.38	14.06	7.77	5.98	—	—
	平均值（简阳）	4.95	3.78	8.73	6.18	14.90	7.80	6.72	—	—
间隙水	平均值（金堂）	20.08	19.88	39.95	37.03	73.12	8.32	290.00	18.32	236.43
	平均值（简阳）	19.83	8.98	28.82	26.75	52.46	8.22	252.63	9.27	1219.40

注：—表示未测定。

表8-4　沱江流域金堂段、简阳段上覆水及间隙水中TDN/TDP与各砷形态及参数的相关系数

	TDN/TDP	As（Ⅲ）	As（Ⅴ）	As（Inorg）	As（Org）	TAs	pH值	DOC	TFe	TMn
金堂段TDN/TDP	1	0.496*	-0.066	0.427	0.416	0.352	0.208	0.122	0.197	-0.189
简阳段TDN/TDP	1	0.179	-0.039	0.091	0.803**	0.515*	0.331	0.374	-0.249	0.719*

注：*表示在0.05水平（双侧）上显著相关；**表示在0.01水平（双侧）上显著相关。

由表8-2可见，金堂段上覆水和间隙水中TDN/TDP在9.64～197.07之间波动，约68.42%的比值在7～50之间；简阳段上覆水和间隙水中TDN/TDP在3.85～230.00之间波动，61.90%的比值在7～50之间。由表8-3可见，金堂段上覆水中TDN的平均含量为7.05 mg/L，TDP的平均含量为0.61 mg/L，TDN/TDP的平均值为20.32；简阳段上覆水中TDN的平均含量为4.60 mg/L，TDP的平均含量为0.54 mg/L，TDN/TDP的平均值为11.88。

按照表8-1的标准，根据上覆水中TDN、TDP的含量以及TDN与TDP的比值进行富营养化状态分类，可得沱江流域金堂段和简阳段均处于富营养化状态（见表8-2）。

8.2　沱江流域金堂段与简阳段TDN与TDP的比值对砷形态迁移转化影响

通过采样时观察，沱江流域金堂段和简阳段的上覆水中均漂流着水葫芦，再根据陶敏等[4]对沱江流域浮游植物群落特征及水质评价研究所得到的沱江流域的主要浮游植物群落在丰水期为绿藻、蓝藻和硅藻，在枯水期为硅藻、绿藻和隐藻的结论，可以综合判定上覆水在氮磷比适合其生长的情况下，极易暴发水葫芦疯长和藻类水华的现象，这必然会引起上覆水中砷形态的迁移和转化，进而影响水产品中砷的形态和含量，对人类健康产生影响。

根据Redfield的假设，一个典型藻类的分子式应为$(CH_2O)_{106}(NH_3)_{16}(H_3PO_4)$，临界的氮磷比按重量计应该为7.2∶1.0。实际应用中，由于藻类生长所需要的氮磷均为可溶性的，因此一般认为当氮磷比大于10时，磷可以考虑为藻类生长的限制因素[5]。也有研究者提出，Redfield定律有一定的适用范围，指出应

第8章 水体富营养化程度对砷赋存形态迁移转化的影响

该结合氮、磷质量浓度与氮磷比进行综合考虑，当磷源充足的情况下，适合藻类生长的最佳氮磷比为40∶1[6]。严广寒等[7]在研究不同氮磷比和磷浓度对藻类生长的影响时发现，小球藻最佳生长的氮磷比在25∶1到45∶1之间。牛佳[8]在其研究中发现，最适合水葫芦生长的氮磷比为7∶1。沱江流域金堂段、简阳段两地上覆水中的TDN/TDP均在7～45之间，说明这种氮磷比非常适合浮游植物的生长，对环境中氮、磷、砷的循环造成了一定的影响。

由表8-4可见，沱江流域金堂段上覆水及间隙水中TDN/TDP与As（Ⅲ）呈现显著正相关关系（$r = 0.496$，$P < 0.05$），简阳段上覆水与间隙水中TDN/TDP与As（org）、TAs、TMn呈现显著正相关关系（$r = 0.803$，$P < 0.01$；$r = 0.515$，0.719，$P < 0.05$），反映了藻类及浮游植物等的生长可以促进砷的甲基化进程，也可以更加明确TDN、TDP的含量以及它们之间的比值影响着砷的迁移转化行为。研究结果表明[9]，富营养化可以刺激藻类的过度生长，而藻类或浮游植物的过度生长，可以结合大量的痕量元素，大量的砷便被富集在水环境中，这可以解释TDN/TDP和砷形态的正相关关系。根据前人的研究结论，再结合表8-2的数据分析来看，金堂段间隙水中有约68.42%的TDN与TDP比值处于7～50之间，简阳段间隙水中有约61.90%的TDN与TDP的比值处于7～50之间，因此推断在TDN/TDP在7～50范围内，对TAs尤其是As（Ⅲ）和As（Org）在水环境中的富集影响较大，可以增加砷对养殖水产品的毒性。

从金堂段和简阳段上覆水中As（Ⅲ）与As（Ⅴ）占As（Inorg）的比例来看，均是As（Ⅲ）占主导地位。上覆水中藻类或浮游植物等吸收环境中的营养盐，在光合作用下产生大量的氧气，本应该使得上覆水的溶解氧升高，但从金堂和简阳两段的情况来看，富营养化导致的水葫芦爆发造成了区域缺氧甚至厌氧的情况发生：一是大量的浮游植物生长对阳光的遮蔽作用阻碍了大气复氧，上覆水中光合作用的减小使得溶解在水里的氧气减少，极易使沉积物-水界面形成缺氧环境；二是水葫芦等浮游植物大量死亡后，在水面聚集、堆积以及衰亡的过程使得沉积物有机质的含量逐渐增高，衰亡后的植物残体被微生物分解，微生物分解这种有机质的过程还会消耗水体中的氧气，因此使得溶解氧大幅度减少，影响上覆水及沉积物的氧化还原状态[10]，从而影响As（Ⅲ）和As（Ⅴ）的分布。研究结果表明[8]，在富营养化环境中，剧烈的微生物活动降低了沉积物-水界面的氧化还原电位和DO，导致在沉积物-水界面上发生一系列的还原反应，这种还原反应包括Fe/Mn氧化物的还原溶解使得沉积物中的砷释放至水体中，导致砷浓度的升高，也包括As（Ⅴ）转化为As（Ⅲ）的还原反应，结合图7-1（a～e）和图7-4（a～e）金堂段和简阳段各砷形态在沉积物-水界面的分布特征来看，与研究得出的理论高度一致，富营养化水体沉积物-水界面无论是As（Inorg）还是TAs的含量均出现了一个较大值，且As（Ⅲ）的含量远远高于As（Ⅴ）的含量。在富营养化环境中增加微生物量可以高效地将As（Ⅴ）转化为As（Ⅲ），增加砷的迁移性，富营养化水体中As（Ⅲ）含量的增加主要与富营养化介导的As（Ⅴ）对As（Ⅲ）的还原有关。本研究结果表明，在TDN/TDP达到藻类生长的比例时，会导致As（Ⅴ）向As（Ⅲ）的转化，增加砷的迁移性。

结合上覆水和间隙水中TDN，TDP，DOC的含量以及沉积物中TVS的含量，沱江流域金堂段的富营养化水平高于简阳段富营养化水平，再结合上覆水中各砷形态的平均含量来看（见表8-3），其在金堂段上覆水及间隙水中的含量基本大于简阳段的含量，种种结论表明，富营养化水平越高，水体中砷的含量越高，从而使水体中砷的毒性效应增强。

8.3 参考文献

[1] GLIBERT P M, BURKHOLDER J A M. Harmful algal blooms and eutrophication: "strategies" for nutrient uptake and growth outside the Redfield comfort zone [J]. Chinese Journal of Oceanology and Limnology, 2011, 29 (4): 724-738.

[2] 郭卫东, 章小明, 杨逸萍, 等. 中国近岸海域潜在性富营养化程度的评价[J]. 台湾海峡, 1998, 17 (3): 64-70.

[3] 简慧兰, 陶建军, 徐汇宏. 南通近岸海域海水中营养盐变化趋势及评价[J]. 海洋环境科学, 2008 (增刊1): 26-28.

[4] 陶敏, 谢碧文, 齐泽民, 等. 沱江浮游植物群落特征及水质评价[J]. 海洋与湖沼, 2016, 47 (4): 854-861.

[5] 冯峰. 沉积物中碳氮磷形态含量、微生物量的垂向分布及其相关性研究[D]. 武汉: 中国科学院水生生物研究所, 2006.

[6] 丰茂武, 吴云海, 冯仕训, 等. 不同氮磷比对藻类生长的影响[J]. 生态环境学报, 2008, 17 (5): 1759-1763.

[7] 严广寒, 张欢. 不同氮磷比和磷浓度对藻类生长的影响[C]. 2017年全国河湖污染治理与生态修复产学研高峰论坛论文集, 2017: 15-22.

[8] 牛佳. 氮磷浓度对水葫芦生长、分蘖的影响及科学打捞的依据[D]. 苏州:

苏州大学,2012.

[9] YAN C Z, CHE F F, ZENG L Q, et al. Spatial and seasonal change of arsenic species in Lake Taihu in relation to eutrophication [J]. Science of the total environment, 2016, 563/564: 496-505.

[10] LI H, XING P, WU Q L. Characterization of the bacterial community composition in a hypoxic zone induced by Microcystis blooms in Lake Taihu, China. [J]. FEMS Microbiology Ecology, 2012, 79 (3): 773-784.

第9章 水产品中砷的赋存形态及含量

河流、湖泊等体系包括上覆水、间隙水及沉积物三大介质,生存于水体中的水产品如各种鱼类、虾类等可以通过食用上覆水中的藻类、动植物残渣等获取自身生长所需的营养元素。水体中不同形态的砷可以被水生生物吸收,通过食物链传递的方式进入人体,严重危害人类健康。因此,探索水体中砷迁移转化的影响因子,建立上覆水、间隙水、沉积物及生物体间砷迁移转化的毒性风险评价体系显得尤为重要。

通过第7章对上游金堂段和下游简阳段中的砷形态对比分析可知,金堂段和简阳段上覆水中砷的含量相差不大,但是金堂段间隙水和沉积物中的砷形态平均含量基本大于简阳段,推测金堂段砷对水产品的潜在毒性效应大于简阳段。因此,选择打捞沱江金堂段的水产品进行生物样品中砷形态的含量测定。

9.1 水产品中砷形态及含量的分布特征

采用建立的 HPLC-ICP-MS 测定砷形态的方法(见第3章3.3节)测定了沱江流域金堂段水产品(鲤鱼、草鱼、鲫鱼)中的砷形态以及海产品(鲈鱼、梭鱼、虾)中的砷形态,分析结果分别见表9-1和表9-2,生物样品内的总砷用 TAs_{bio} 表示;水产品(鲤鱼、草鱼、鲫鱼)中砷形态分布特征见图9-1;海产品(鲈鱼、梭鱼、虾)中砷形态分布特征见图9-2。

表9-1 沱江流域金堂段水产品(鲤鱼、草鱼、鲫鱼)中砷形态及含量分析结果

样品种类	生物样部位	砷含量						
		AsC /($\mu g \cdot g^{-1}$)	AsB /($\mu g \cdot g^{-1}$)	As(Ⅲ) /($\mu g \cdot g^{-1}$)	DMA /($\mu g \cdot g^{-1}$)	MMA /($\mu g \cdot g^{-1}$)	As(Ⅴ) /($\mu g \cdot g^{-1}$)	TAs_{bio} /($\mu g \cdot g^{-1}$)
鲤鱼	鱼肉	0.100	—	0.150	—	—	—	0.250

第9章 水产品中砷的赋存形态及含量

表 9-1（续）

样品种类	生物样部位	砷含量						
		AsC /($\mu g \cdot g^{-1}$)	AsB /($\mu g \cdot g^{-1}$)	As（Ⅲ）/($\mu g \cdot g^{-1}$)	DMA /($\mu g \cdot g^{-1}$)	MMA /($\mu g \cdot g^{-1}$)	As（Ⅴ）/($\mu g \cdot g^{-1}$)	TAs_{bio} /($\mu g \cdot g^{-1}$)
	鱼皮	0.045	0.230	—	—	—	—	0.290
	肝脏	0.089	0.022	—	—	—	—	0.120
草鱼	鱼肉	0.190	—	0.260	—	—	—	0.470
	鱼皮	0.077	0.20	—	—	—	—	0.280
	肝脏	0.025	0.074	—	—	—	—	0.100
鲫鱼	鱼肉	0.016	0.012	0.063	—	—	—	0.093
	鱼皮	0.063	0.210	—	—	—	—	0.280
	肝脏	0.093	0.078	—	—	—	—	0.180

注：—表示未检出。

表 9-2　海产品中砷形态及含量分析结果

样品种类	生物样部位	砷含量						
		AsC /($\mu g \cdot g^{-1}$)	AsB /($\mu g \cdot g^{-1}$)	As（Ⅲ）/($\mu g \cdot g^{-1}$)	DMA /($\mu g \cdot g^{-1}$)	MMA /($\mu g \cdot g^{-1}$)	As（Ⅴ）/($\mu g \cdot g^{-1}$)	TAs_{bio} /($\mu g \cdot g^{-1}$)
鲈鱼	鱼肉	0.064	0.150	0.098	—	—	—	0.320
	鱼皮	0.046	0.036	—	—	—	—	0.084
	肝脏	0.430	0.460	—	—	—	—	0.890
梭鱼	鱼肉	—	0.380	—	—	—	—	0.390
	鱼皮	—	0.280	—	0.14	—	—	0.430
	肝脏	0.470	0.400	—	—	—	—	0.890
虾	虾肉	—	0.650	—	—	—	—	0.660
	肝脏	—	0.450	—	—	—	—	0.460

注：—表示未检出。

（a）鲤鱼

（b）草鱼

（c）鲫鱼

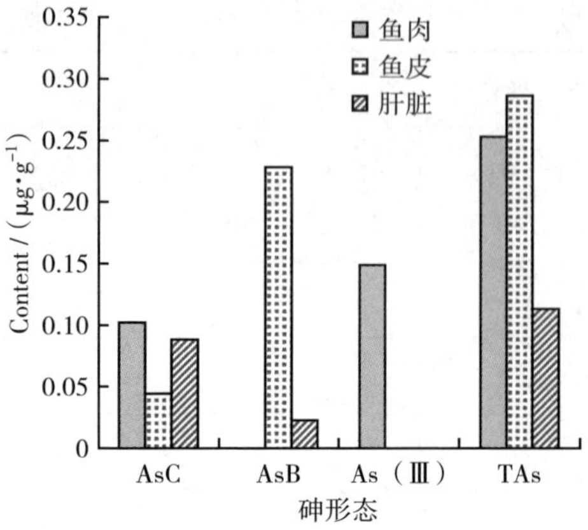

图9–1　沱江流域金堂段水产品（鲤鱼、草鱼、鲫鱼）中砷形态分布特征图

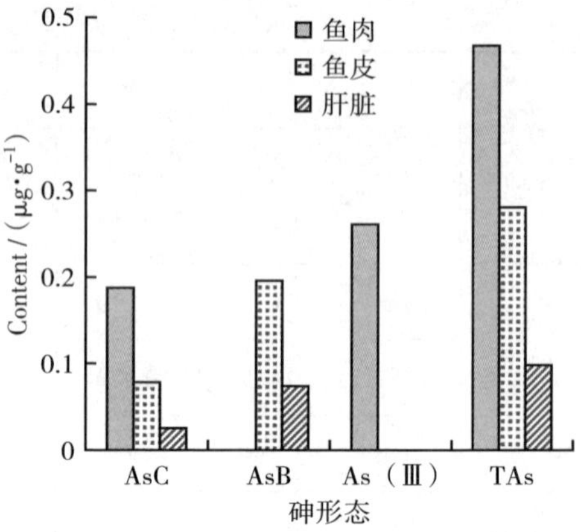

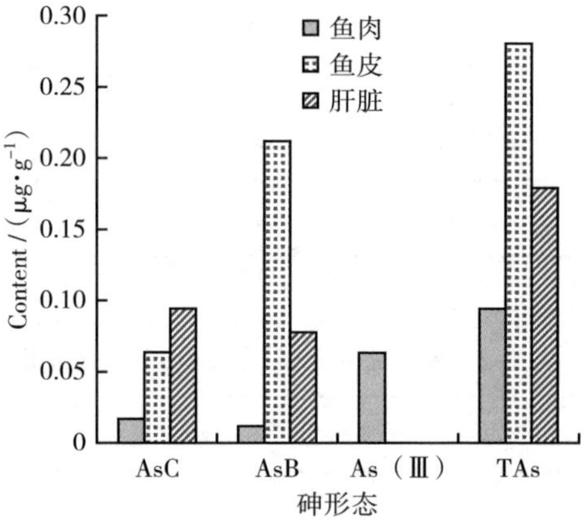

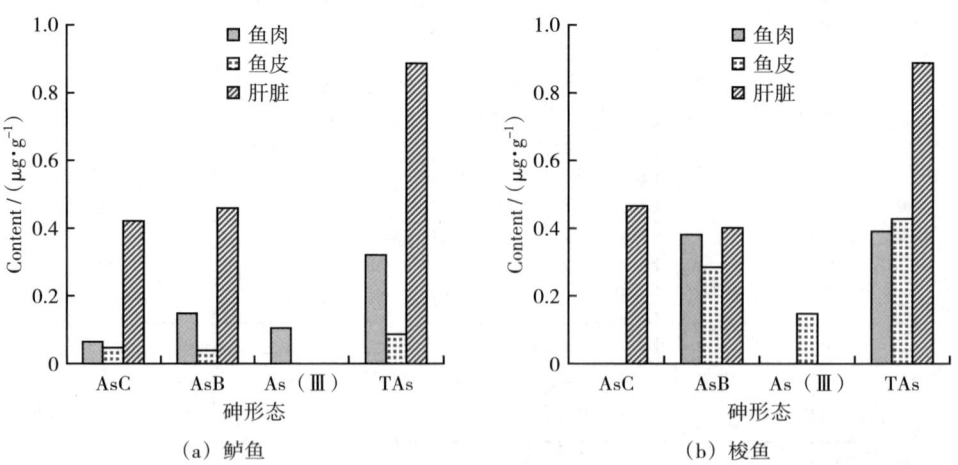

（a）鲈鱼

（b）梭鱼

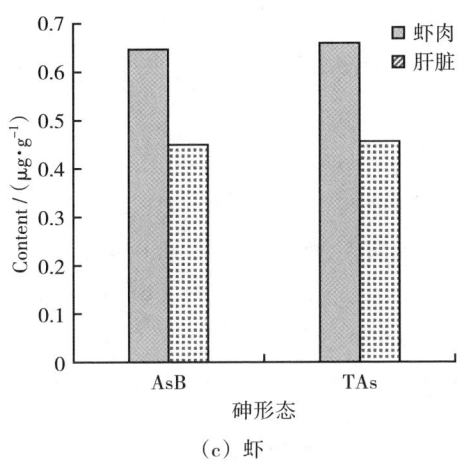

(c) 虾

图9-2 海产品（鲈鱼、梭鱼、虾）中砷形态分布特征图

9.1.1 水产品中砷形态结果描述与讨论

从表9-1及图9-1（a）~（c）可见，在沱江流域金堂段采集的鲤鱼、草鱼和鲫鱼的鱼肉中分别检出了As（Ⅲ）的含量，且为三种生物样品鱼肉中砷的主要形态，分别为0.150 μg/g、0.260 μg/g及0.063 μg/g，占鱼肉总砷含量的58.90%、56.20%及67.74%，这和金堂段上覆水中以As（Ⅲ）的含量为主相吻合，说明上覆水中砷的主要存在形态对水产品中砷的主要存在形态密切相关。三种实验鱼体中对砷均存在富集效用，且以上覆水中砷的主要存在形态为其富集的主要形态。日本学者Suhendraytna等[1]在其研究中也发现砷在鱼体内的直接富集量随着水中As（Ⅲ）含量的升高而升高，李凤英等[2]调查了水体-水生物砷的传递规律，发现鱼肉中的砷含量与饲养水体中砷的含量变化趋势相反，鱼体含砷量随时间有增高的趋势，鱼体可长期富集砷至很高的水平。本论文研究结果与其研究结果一致。

沱江流域金堂段上覆水中有机砷的含量较低，特别是靠近沉积物-养殖水界面，而在采集的三种生物样品总AsB与AsC为鱼皮和肝脏中砷的主要存在形态，As（Ⅴ）、MMA、DMA在三种生物样品的鱼肉、鱼皮和肝脏中均未检出，说明鱼体内检出的有机砷形态大部分应来源于对无机砷的转化，其对进入体内的无机砷存在着自我解毒功能，可以将其转化为毒性较低的有机砷形态，这在某些研究[3,4]中已有报道。

9.1.2　水产品与海产品中砷形态的对比与讨论

从表9-2及图9-2（a）~（c）可见，AsB为海产品（鲈鱼、梭鱼、虾）鱼肉（虾肉）中砷的主要存在形态，含量分别为0.15 μg/g、0.38 μg/g及0.65 μg/g，分别占鱼肉（虾肉）的45.37%、97.42%及98.04%。As（Ⅲ）只在鲈鱼鱼肉中检出，且含量仅为0.098 μg/g，远低于水产品鲫鱼和草鱼中的含量。相对于淡水养殖体系而言，海产品中的砷形态对人体的危害较小。

虾肉中总砷含量较高，为0.66 μg/g，较其他海产品梭鱼、鲈鱼鱼肉及上覆水中鲤鱼、草鱼和鲫鱼鱼肉高很多，充分印证了甲壳类水产品对砷富集效应更强[5]。虾也由于是生活在底泥中的底栖生物而更多地受到沉积物、间隙水的影响，复杂体系中砷的迁移转化行为对其影响更大。

罗国钧等[6]通过研究发现，鲫鱼体内砷含量最高的部位是鱼鳞，其次是鱼肉和内脏。在5种鱼的鱼皮中均未检测出无机砷的含量，推测原因可能是鱼鳞对鱼皮富集无机砷的保护作用，这在一定程度上印证了罗国钧的研究结果。

郭金玲[3]在其研究中发现渤海湾（天津段）海产梭鱼肝脏是鱼体内进行砷形态代谢转化的主要场所。从本研究总砷含量来看，三种鱼类基本是鱼肉和鱼皮的总砷含量较高，而海产品中总砷含量最高的部位在肝脏，说明水产品中的砷更容易富集在可食用的鱼肉和鱼皮部分，其在肝脏中的解毒功能有可能低于海产品的解毒功能。

9.2　水产品中砷形态的污染指数评价

水体由于受到人类生产生活的影响，生活在其中的水产品生长也因此而受到一定的影响。本书参照姚刚等[7]采用的生物质量指数法对三种淡水河流中的水产品以及三种海产品进行质量评价，计算公式如下：

$$P = C / C_s$$

式中，P为污染物的生物质量指数；C为污染物的实测值；C_s为污染物的标准值。评价标准采用中华人民共和国国家标准《食品安全国家标准　食品中污染物限量》（GB 2762—2022）中对鱼类及虾蟹类的无机砷限量（0.1 mg/kg，1 mg/kg；以干重计），国家标准中没有对鱼类及虾蟹类的总砷限量标准，本书中总砷的评判标准参照无机砷的限量标准进行生物质量评价。生物质量评价标准参照姚刚等提出的评价方法[7]：当 $P \leq 1.0$ 时，生物质量符合标准；当 $P >1.0$ 时，生物质量超出标准，评价结果见表9-3。

表9-3 各水产品不同组织中无机砷及总砷质量评价结果

类别			项目	无机砷	总砷
鱼类标准			限量值	≤0.1mg/kg	≤0.1mg/kg
水产品	鲤鱼	鱼肉	质量指数	1.49*	2.53*
		鱼皮	质量指数	—	2.87*
		肝脏	质量指数	—	1.15*
	草鱼	鱼肉	质量指数	2.63*	4.68*
		鱼皮	质量指数	—	2.84*
		肝脏	质量指数	—	0.99
	鲫鱼	鱼肉	质量指数	0.63	0.93
		鱼皮	质量指数	—	2.81*
		肝脏	质量指数	—	1.80*
海产品	鲈鱼	鱼肉	质量指数	0.98	3.24*
		鱼皮	质量指数	—	0.84
		肝脏	质量指数	—	8.92*
	梭鱼	鱼肉	质量指数	—	3.88*
		鱼皮	质量指数	—	4.28*
		肝脏	质量指数	—	8.88*
	虾	贝类及虾蟹类	限量值	≤1mg/kg	≤1mg/kg
		虾肉	质量指数	—	0.66
		肝脏	质量指数	—	0.46

注：*为超过国家质量标准。

从表9-3总砷的质量指数来看，大部分超过了国家质量标准（$P > 1$）。但从各砷形态来看，除了鲤鱼和草鱼是由于无机砷超出限量标准引起的，其他均是由于AsB或者AsC的含量较高引起的，而AsB和AsC是低毒性的，不会给人体健康带去较大的风险。因此，从总砷的含量来分析水产品的质量标准存在局限性，应从无机砷各形态的含量来分析更为准确。

沱江流域金堂段鲫鱼和草鱼鱼肉中无机砷As（Ⅲ）的质量指数$P>1$，超过国家质量标准，沱江流域金堂段上覆水中的无机砷形态特别是As（Ⅲ）的含量对水产品的质量造成了很大的影响，应引起重视。选取的海产品中无机砷各形态的质量指数未超过国家质量标准，食用性较安全。因此，淡水河流对水产品的质量影响较大，开展其中砷的迁移转化行为及影响因素对建立水产品中砷的安全风险预警以及毒性评价，有效地从源头控制水产品的质量具有重要意义。

9.3 水产品砷安全风险预警指标及毒性风险评价

9.3.1 水产品砷的安全风险预警指标

砷的毒性会因为其存在的形态不同而有所差异，由于无机砷的毒性远远大于有机砷的毒性，As（Ⅲ）的毒性远远大于As（Ⅴ）的毒性。因此，综合第7章对上覆水和生物体砷形态的分类，砷的毒性可以表示为As（Ⅲ）>As（Ⅴ）>DMA>MMA>AsB/AsC。再通过对沱江流域金堂段和简阳段上覆水及间隙水中砷形态、氮磷形态、pH值、DOC、TFe、TMn含量进行分析测定；沉积物中砷、硫、铁、锰、TVS、含水率进行分析测定。将分析测定结果从上覆水及间隙水中氮磷形态、pH值、DOC、TFe、TMn的含量对砷形态的影响；沉积物的组分中铁、锰、硫的形态和含量，TVS及含水率的含量对砷形态的影响；对比两段砷形态含量，各大参数（水体中pH值、DOC、TFe、TMn；沉积物中硫、铁、锰、TVS含水率）含量的不同，进一步总结砷形态迁移转化的影响因素；对比两段上覆水的富营养化程度对砷形态迁移转化的影响；等等，四个方面总结出淡水河流中水产品砷安全风险预警的主要指标如下。

① 上覆水中水产品砷安全风险指标主要为：DON、NO_3^--N、SRP、SUP、pH值、DOC、TFe和TMn所表征的氧化还原状态，以及TDN/TDP所表征的富营养化状态。

② 沉积物中对上覆水中水产品砷安全风险指标主要为：沉积物组分中铁锰氧化物、总还原性硫以及有机质的含量等。

9.3.2 水产品砷的毒性风险评价

结合第7章的分析结果,从单因子因素进行分析,构建出水产品砷的毒性风险评价如下。

① 沱江流域金堂段及简阳段上覆水及间隙水中,毒性较高的As(Inorg)为TAs的主要存在形式,As(Inorg)又以毒性较高的As(Ⅲ)为其主要赋存形态,使水产品鱼肉中富集的As(Ⅲ)超出国家限量标准,严重影响水产品的生物质量。

② 上覆水及间隙水中NH_4^+-N、NO_3^--N、NO_2^--N及DON均会影响砷的赋存形态迁移转化行为。当DON作为水体中氮赋存形态的主导时(金堂段),DON主要通过反应溶液中DOM的含量来影响砷形态的迁移转化行为,DON的含量越高,As(Inorg)的含量也会越高,上覆水中砷的毒性增强,会增加水产品砷的毒性风险。NO_3^--N作为水体中氮赋存形态的主导时(简阳段),则是通过共存阴离子在沉积物表面与砷竞争吸附位点来影响砷形态的迁移转化行为。NO_3^--N含量越高,As(Ⅲ)的含量越高,水产品砷的毒性风险将增大。因此,控制上覆水中氮的含量,特别是DON和NO_3^--N的含量,将减小上覆水中水产品砷的毒性风险。

③ 上覆水和间隙水中SRP主要通过PO_4^{3-}与AsO_4^{3-}在沉积物表面竞争吸附位点,导致上覆水或间隙水中AsO_4^{3-}不易吸附至沉积物表面而使上覆水或间隙水中的砷含量偏高,增加砷的迁移性和毒性;在SUP和As(org)的形成过程中,磷和砷与有机基团结合可能具有相互抑制作用。因此,控制上覆水中磷的含量,将减小上覆水中水产品砷的毒性风险。

④ 上覆水pH值的增高,可以增强水体中砷的迁移性,主要体现在OH^-的增高,可以减少砷酸盐或亚砷酸盐结合于沉积物组分中的吸附位点,使沉积物中的砷释放至水中而增强水体中砷的迁移性。因此,将上覆水的pH值控制在水产品适合生长的范围内,且pH值越小,上覆水中水产品砷的毒性风险越小。

⑤ 上覆水和间隙水中DOC含量可以表征DOM的含量,DOC中的DOM主要通过两种方式来影响砷形态的迁移转化行为:一是DOM与砷在无定形水合氧化铁表面产生竞争吸附,使水体中的As(Inorg)升高,且DOC以正相关关系影响着As(Ⅲ)、TAs的含量,其可以将As(Ⅴ)还原为As(Ⅲ)而增加As(Ⅲ)在水环境中的迁移性,从而增加水产品砷的毒性风险;二是DOM与As形成络合物,使水体中的As(org)含量升高,降低水体中无机砷的迁移

性，使之转化为毒性较低的有机砷形态。因此对不同的介质（上覆水、间隙水）而言，DOC 对砷的毒性影响机理有所不同，减小间隙水中 DOC 的含量而适度增加上覆水 DOC 的含量，将减小上覆水中水产品砷的毒性风险。

⑥ 上覆水及间隙水中溶解性铁锰特别是溶解性锰所表征的氧化还原环境，影响着无机砷形态的分布。上覆水中溶解性锰含量越高，表明还原环境越强，将导致 As（Ⅴ）向 As（Ⅲ）的转化，增加上覆水中水产品砷的毒性风险。

⑦ 沉积物-水界面砷形态的分布受水体富营养化影响较大，本研究结果表明富营养化水体沉积物-水界面处于相对还原的环境，界面水体砷的含量会由于界面沉积物中铁锰氧化物的还原溶解作用释放出砷至水体中而较高，且会介导 As（Ⅴ）向 As（Ⅲ）的转化，增加砷的迁移性。富营养化水平越高的水体，其砷的毒性风险越大。

⑧ 沉积物中，基本遵循 As-total > As-oxal > As-Pyrite > As-H_2O_2，Fe-total > Fe-oxal > Fe-Pyrite > Fe-H_2O_2，Mn-total > Mn-Pyrite > Mn-oxal > Mn-H_2O_2 的规律。沉积物-上覆水界面的氧化还原环境控制着 As（Ⅲ）和 As（Ⅴ）的分布，沉积物中铁锰氧化物、有机质与硫化矿物等组分有效地控制着 As（Ⅲ）和 As（Ⅴ）从沉积物间隙水向上覆水的释放。沉积物中较高含量的 Fe-oxal 导致了较高含量的 As-oxal，较高含量的有机质导致了较高含量的 As-H_2O_2，较高含量的 TRS 导致了较高含量的 As-Pytire，从而降低了砷在水体中的迁移性，减小上覆水中砷的毒性风险。

9.4 小 结

① 水产品中砷的毒性风险和上覆水中砷的形态和含量水平密切相关。

② 上覆水中 DON、NO_3^--N、SRP、SUP、pH 值、DOC、TFe、TMn 以及 TDN/TDP 所表征的富营养化状态；沉积物中铁锰氧化物、总还原性硫以及有机质的含量由于影响着砷的迁移转化行为从而影响着水产品中砷的毒性风险，成为淡水河流水产品砷的毒性风险评价的主要指标。

③ 上覆水中氮、磷含量越低，上覆水的 pH 值在适合水产品生长的范围内越低，减小间隙水中 DOC 的含量而适度增加上覆水 DOC 的含量，低溶解性铁锰的含量表征的弱还原环境以及富营养化水平较低的水体，水产品受到砷的毒性风险将越小。沉积物中较高含量的 Fe-oxal、有机质及 TRS 可降低砷在水体中的迁移性，减小上覆水中水产品砷的毒性风险。

9.5 参考文献

[1] SUHENDRAYATNA, OHKI A, NAKAJIMA T, et al. Studies on the accumulation and transformation of arsenic in freshwater organisms II. Accumulation and transformation of arsenic compounds by Tilapia mossambica [J]. Chemosphere, 2002, 46 (2): 325-331.

[2] 李凤英. 环境中的砷与人体健康 [J]. 国外医学(卫生学分册), 1980 (3): 160-164.

[3] 郭金玲. 渤海湾(天津段)海水和鱼样品中砷形态分析及其转化规律的研究 [D]. 天津: 天津科技大学, 2016.

[4] 张曙光, 赵沛伦, 李雅卿, 等. 泥沙对黄河含砷量及鱼体砷残留量的影响 [J]. 人民黄河, 1991 (9): 8-11.

[5] 罗靳, 郑怀东, 刘学光. 辽宁海域捕捞水产品中无机砷的生物富集现象 [J]. 农业技术与装备, 2016 (5): 12-14.

[6] 罗国钧. 鲫鱼体内重金属的分布和积累规律研究 [J]. 渝州大学学报(自然科学版), 2000, 17 (1): 56-61.

[7] 姚刚. 鄱阳湖水生生物中痕量元素砷硒汞的环境和生物效应研究 [D]. 成都: 成都理工大学, 2006.

第10章 总结与展望

10.1 主要研究结论

本书以沱江流域金堂段和简阳段采样点为研究区域，分别于2007年及2017年1月两个时间尺度选取沉积物-水界面的氮、磷、砷为研究对象，对沉积物中的氮、磷、砷的赋存形态、垂向分布特征及迁移转化行为进行了系统的分析和评价，并进行了时空对比，在此基础上对影响沉积物中氮、磷特别是砷迁移转化的重要环境过程和影响因素进行了详细分析。本书旨在揭示沉积物-水界面氮、磷的赋存形态变化引起的环境变化对砷的迁移转化行为的影响，构建天然河流水体中水产品的砷的毒性风险评价因素，获得水产品砷的安全风险预警指标，并进行毒性风险评价，为地表水环境治理及食品安全提供一定的背景数据及理论支持。通过研究主要取得了如下主要结论。

① 建立了以PRP-X100色谱柱分离结合ICP-MS检测的As（Ⅲ）、As（Ⅴ）、MMA、DMA、AsB、AsC六种砷形态的分析方法，其方法检出限为0.010～0.350 ng/L，相对标准偏差为2.26%～3.68%，回收率在95%～110%范围内，满足生物样品中微量砷形态的定量分析要求。

② 系统地研究了沱江流域金堂段沉积物中氮的不同赋存状态的垂向分布特征，并对比了2007年和2017年十年间氮赋存状态的变化。推测沱江流域沉积物中的氮已经作为内源氮释放至间隙水甚至上覆水中，同时存在外源污染，使得沉积物表层有机氮以及总氮含量升高明显。

③ 2007年的分析数据显示：水体中TDN与TDP的比值可作为预示富营养化水体藻类暴发的预警因子。沱江流域水体中磷是浮游植物等生长的主要限制因子。沱江流域金堂段和简阳段两季沉积物中的总磷均以无机磷为主，而无机磷主要以Ca-P的形式存在。两季各形态磷基本遵循TP＞TIP＞Ca-P＞Res-P＞Exc-P＞Fe/Al-P这一规律。TP、TIP、Res-P的含量基本都是冬季小于夏季，Ca-P的含量均是冬季大于夏季。虽然沉积物中总磷的含量比较大，但是BAP

占总磷的比例是比较小的，仅占其0.61%~3.59%，沉积物中能被生物利用的磷较少。BAP的含量与间隙水中SRP的含量有着密切的关系，从BAP含量来看，夏季是简阳段＞金堂段，冬季是金堂段＞简阳段，这与间隙水中SRP的空间分布相同。从垂向分布特征来看，BAP在沉积作用下向非活性磷转化。

④ 系统研究了沱江流域简阳段间隙水及沉积物中磷的不同赋存形态垂向分布特征，并对比了2007年和2017年十年前后磷赋存形态的变化。河流沉积环境的酸碱度的变化对沉积物和间隙水中磷形态的相互转化有重要影响。沱江流域简阳段不仅存在着内源可交换态磷（Exc-P）和铝磷（Al-P）的释放，还存在着外源磷的污染。且无论以外源输入还是内源释放至水体中的磷酸盐最终均以稳定的钙磷（Ca-P）以及难提取磷（Res-P）的形态存在于沉积物中。沉积物-水体系对输入（或释放）至水体中的磷酸盐存在自净的过程。弱碱性的沉积环境可以控制钙磷作为沱江流域简阳段沉积物中主要存在形态的释放，从而有效控制作为浮游植物最适合生长氮磷比中磷的含量，抑制河流富营养化的发生。

⑤ 沱江流域金堂段及简阳段上覆水及间隙水中，毒性较高的As（Inorg）为TAs的主要存在形式，As（Inorg）又以毒性较高的As（Ⅲ）为其主要赋存形态，使水产品鱼肉中富集的As（Ⅲ）超出国家限量标准，严重影响水产品的生物质量。

⑥ 通过降低水体的富营养化水平和氮磷含量，并适度增加水体中DOC，有助于降低水产品的砷毒性风险。控制上覆水中氮的含量，特别是DON和NO_3^--N的含量，将减小上覆水中水产品砷的毒性风险。控制上覆水中磷的含量，将减小上覆水中水产品砷的毒性风险。将上覆水的pH值控制在水产品适合生长的范围内，且pH值越小，上覆水中水产品砷的毒性风险越小。上覆水及间隙水中溶解性铁锰特别是溶解性锰所表征的氧化还原环境，影响着无机砷形态的分布。上覆水中溶解性锰含量越高，表明还原环境越强，将导致As（Ⅴ）向As（Ⅲ）的转化，增加上覆水中水产品砷的毒性风险。

⑦ 沉积物-水界面砷形态的分布受水体富营养化影响较大，富营养化水体沉积物-水界面处于相对还原的环境，界面水体砷的含量会由于界面沉积物中铁锰氧化物的还原溶解作用释放出砷至水体中而较高，且会介导As（Ⅴ）向As（Ⅲ）的转化，增加砷的迁移性。富营养化水平越高的水体，其砷的毒性风险越大。沉积物中基本遵循As-total＞As-oxal＞As-Pyrite＞As-H_2O_2，Fe-total＞Fe-oxal＞Fe-Pyrite＞Fe-H_2O_2，Mn-total＞Mn-Pyrite＞Mn-oxal＞Mn-H_2O_2的规律。沉积物-上覆水界面的氧化还原环境控制着As（Ⅲ）和As（Ⅴ）

的分布，沉积物中铁锰氧化物、有机质与硫化矿物等组分有效地控制着As（Ⅲ）和As（Ⅴ）从沉积物间隙水向上覆水的释放。

10.2 展　望

① 生物地球化学循环是目前研究氮磷砷的热点问题，因此有必要进一步探索沱江流域水环境中微生物作用下的氮磷砷形态迁移转化行为。

② 为更准确地了解砷在沉积物-水界面的迁移转化，可以进一步开展砷的迁移转化数值模拟及实验研究，建立砷迁移转化动态预测模型，为揭示复杂体系中砷的迁移转化规律奠定基础。

③ 进一步研究沱江流域水环境中砷赋存形态与氮磷赋存形态的拮抗作用，为深入了解氮磷等复杂体系中共存离子对砷的迁移转化机制奠定基础。